Chemische Betriebskontrolle in der Fettindustrie

Von

Dr.-Ing. Hugo Dubovitz

Mit 31 Textabbildungen

Berlin
Verlag von Julius Springer
1925

ISBN-13: 978-3-642-47154-4 e-ISBN-13: 978-3-642-47450-7
DOI: 10.1007/ 978-3-642-47450-7

Softcover reprint of the hardcover 1st edition 1925

Vorwort.

Dieses kleine Werk ist das Ergebnis einer vieljährigen Betriebserfahrung und weicht in vielem von den die einzelnen Kapitel der chemischen Technologie behandelnden Werken ab. Es bildet einen Übergang von der beschreibenden Technologie und der Betriebsanweisung, jedoch in einer Weise, daß es den Ansprüchen des Fachmannes Rechnung tragend, jede Breitspurigkeit meidet und dennoch leicht verständlich bleibt.

Vom technologischen Teil wird nur das behandelt, was zur chemischen Betriebskontrolle unbedingt notwendig ist und ruft die engste Verbindung zwischen Betrieb und Laboratorium hervor. Eine gleichmäßige Durchführnng dieser Aufgabe in den verschiedenen Zweigen der Fettindnstrie war nicht möglich, einesteils wegen der abweichenden Natur der einzelnen Industrien, anderseits da die Betriebskontrolle gewisser Zweige .der Fettindustrie noch immer sehr lückenhaft ist.

Der Zweck des vorliegenden Werkes ist ein zweifacher: Einesteils soll es als Wegweiser dienen in der Betriebskontrolle der verschiedenen Teile der Fettindustrie, anderseits soll es zur Entwicklung der Betriebskontrolle durch die Erörterung beitragen, daß Technologie und Betriebskontrolle der verschiedenen Zweige der Fettindustrie noch viele Einzelheiten enthalten, die in ursprünglicher Form oder entsprechend abgeändert auch bei der Herstellung anderer Produkte der Fettindustrie erfolgreich angewendet werden können. Auch ist ein Teil der behandelten Methoden noch nirgends beschrieben, so daß ich hoffe, durch Verfassen dieser Schrift zum Aufban des Gebäudes der fettindustriellen Technologie ebenfalls einige Bausteine geliefert zu haben.

Budapest, Januar 1925.

H. Dubovitz.

Inhaltsverzeichnis.

Einleitung.

Die Fettindustrie ist ein Zweig der chemischen Technologie, der dasselbe oder zueinander nahestehendes Rohmaterial in vielfach verschiedener Weise aufarbeitet, so daß aus ihm eine Reihe ganz verschiedener Industrien hervorgeht. Diese Industrien sind wohl infolge der gleichen oder analogen Zusammensetzung des Rohmaterials verwandt miteinander, ihre Technologie ist aber eine sehr verschiedene, während ihre chemisch-analytischen Methoden identisch oder wenigstens einander ähnlich sind. So ist zwischen Margarineindustrie, Firnisfabrikation, Fettspaltung und Stearinindustrie sozusagen gar kein verwandter Vorgang, der Chemiker jedoch, der in einer dieser Industrien gearbeitet hat, wird sich bald auch in allen anderen Zweigen der Fettindustrie einarbeiten.

Die große Reaktionsfähigkeit und die abwechslungsvolle Zusammensetzung der Fette ermöglicht die verschiedenen Fettindustrien, anderseits wird hierdurch die chemische Kontrolle vieler Betriebsphasen möglich, was ja bekanntlich eine große Bedeutung hat. Die chemische Kontrolle der einzelnen Fettindustrien ist heute noch keine gleichmäßige, da ja einzelne Zweige der Fettindustrie recht komplizierter, andere aber von recht einfacher Natur sind. Bei einzelnen kennen wir trotz ihrer Kompliziertheit jede einzelne Phase, so z. B. bei der Stearinindustrie, bei der eine intensive chemische Kontrolle möglich ist. Andere Zweige, z. B. die Firnisfabrikation, sind verhältnismäßig einfach, gründen sich heute aber noch immer hauptsächlich auf praktische Erfahrung, wodurch ihre chemische Kontrolle nur geringere Bedeutung hat.

Das Heim der chemischen Betriebskontrolle ist das Laboratorium. Damit es seiner Aufgabe entsprechen könne, müssen Betrieb und Laboratorium sehr genau zusammenwirken, da das Laboratorium dem Betrieb gegenüber dieselbe Rolle einnimmt wie die Steuerung bei der Dampfmaschine. Der Laboratoriumschemiker kann eine wirklich nützliche Arbeit nur dann verrichten, wenn er mit dem Wesen des Betriebes im reinen ist, anderseits kann man den Betrieb nur dann richtig leiten, wenn der Betriebsleiter auch über fettanalytische Erfahrungen verfügt. Das Laboratorium wirkt wohltuend auf den Betrieb, befördert dessen Zwecke und erhöht das erreichbare Resultat.

I. Einrichtung des Fettindustrie-Laboratoriums.

Das Fabrikslaboratorium, besonders aber das fettindustrielle Laboratorium kann die Einrichtung des Hochschullaboratoriums nicht befolgen. Im Fabrikslaboratorium kommen neben den fortwährend wechselnden Arbeiten auch sich häufig wiederholende Arbeiten vor, so daß es nicht angezeigt ist, den Analytikern separate Arbeitsplätze anzuweisen, sondern es werden die häufig wiederkehrenden Arbeiten auf ein und demselben, hierzu eingerichteten Platze ausgeführt. Wir ersparen sehr viel Arbeit, wenn die einzelnen Arbeiten schablonisiert und die Apparate vereinheitlicht werden. So z. B. ist es zweckmäßig für ein und denselben Zweck einerlei Kölbchen zu benützen, wodurch dieselben Korke, Kühler usw. verwendet werden können.

Es ist zweckmäßig, die Arbeitsplätze statt in der Mitte des Lokals entlang den Wänden aufzustellen. Sie können Arbeitstische oder noch zweckmäßiger auf einfachen Konsolen liegende Weichholzplatten sein, die vorteilhaft mit dünnen Bleiplatten, Tonplatten usw. bedeckt werden. An der mit der Mauer in Berührung stehenden Seite bringen wir eine 5—10 cm breite Rinne aus dünnem Bleiblech an, welche stellenweise durch Siphons mit dem Kanal in Verbindung steht. Unter der Arbeitsfläche bringen wir auf Konsolen ein bis zwei schmälere, gehobelte Bretter an, auf welchen Laboratoriumsapparate usw. bequem untergebracht werden können. Über den Arbeitsplatten können an der Wand offene Gestelle oder verschließbare Kästen gehängt werden für die Reagenzien, feineren Apparate usw. Der Vorteil dieser billigen und sehr zweckmäßigen Einrichtung besteht darin, daß eine sehr große Arbeitsfläche zur Verfügung steht, trotzdem aber im Laboratorium viel freier Platz übrig bleibt, was im Fabrikslaboratorium, wo Arbeiter ein- und ausgehen, sehr wichtig ist. Den Abzug verlegen wir in eine Fensternische; ist die Mauer nicht tief genug, verlängern wir die Kapelle gegen das Innere; es ist ratsam, wenigstens zwei Kapellen aufzustellen. Ist kein natürlicher Luftzug vorhanden, benützen wir einen kleinen elektrischen Ventilator.

Neben der einen Hauptmauer stellen wir auf einer separatstehenden stärkeren Platte die im fettindustriellen Laboratorium unerläßlichen Versuchs- und anderen Maschinen auf, die wir bei den einzelnen Betriebszweigen gesondert anführen. Über dieser Platte bringen wir eine mit Elektromotor getriebene, langsam laufende kleine Transmission an, von der die einzelnen Maschinen angetrieben werden.

Kann Gas in das Laboratorium eingeführt werden, soll dies nicht versäumt werden. Da aber nicht jede Fabrik Gas besitzt, jedoch elektrischen Strom, verwenden wir letzteren in ausgiebiger Weise, um so mehr, als die Anwendung der Elektrizität rein, bequem und geräuschlos ist, die Luft nicht verdirbt und bei niedrigen Temperaturen auch feuersicher ist, was wegen häufiger Verwendung von Äther, Benzin usw. im fettindustriellen Laboratorium von sehr großer Wichtigkeit ist.

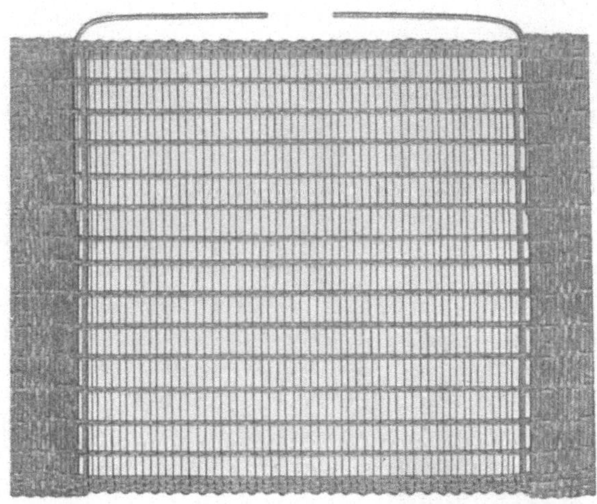

Abb. 1. Heizgitter.

Zur Erreichung von niederen Temperaturen sind sehr praktisch die von C. Schniewindt in Neuerade i. W. und W. C. Heraeus in Hanau in Verkehr gebrachten Heizgitter, die aus Nichromdraht (Nickel-Chrom-Legierung) hergestellte Platten sind, die stellenweise durch Asbestgewebe zusammengehalten werden. Der zu erhitzende Gegenstand (Kolben, Extraktor usw.) wird unmittelbar auf das auf einer Asbest- oder Schieferplatte liegende Heizgitter gestellt.

Solche Heizgitter halten wir in verschiedenen Dimensionen und Formen vorrätig, für kleinere Gegenstände genügt eine Heizfläche von 6×6 cm. Zur Extraktion sind die länglichen 6×30- oder noch längeren Heizgitter sehr geeignet, auf welchen 5—6 Kolben oder Extraktoren aufgestellt werden können. — Von der Länge und Dicke des das Heizgitter bildenden Drahtes hängt die erreichbare Temperatur ab, mit anderen Worten, der Widerstand des Heizgitters und die Spannung, d. h. also der Energiegehalt des das Gitter durchströmenden Stromes, sind wichtig, so daß diese Daten bei Bestellungen angegeben werden müssen. Sehr bequem sind die elektrischen Trockenschränke, von denen zweifellos der in Abb. 2 abgebildete Heraeussche der vollkommenste ist, da sich bei diesem die Temperatur mit 1° Genauigkeit automatisch reguliert. Ein derartiges größeres Luftbad halte ich 7 Jahre hindurch täglich 12 Stunden lang ununterbrochen im Betrieb, ohne daß die geringste Reparatur notwendig geworden wäre.

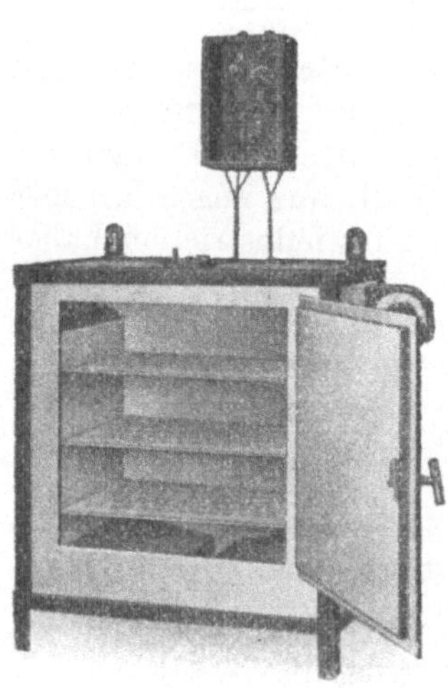

Abb. 2. Elektrischer Trockenschrank.

Kein der Fettindustrie dienendes Laboratorium kann den äußerst bequemen elektrischen Tiegelofen (Abb. 3) vermissen, der bei der Aschenbestimmung außerordentlich gute Dienste leistet. Dieser kleine Ofen wäre noch besser verwendbar, wenn er mit unterem regulierbaren Luftzutritt erhältlich wäre. Größere Proben oder mehrere Tiegel können gleichzeitig im elektrischen Muffelofen (Abb. 4) verascht werden, der mit regulierbarem Luftzutritt versehen wird.

Abb. 3. Elektrischer Tiegelofen.

Nach Tunlichkeit teilen wir das Laboratorium in mehrere Teile ein, am besten in fünf, und zwar in das analytische Laboratorium, in das technische Versuchszimmer, in den Kochraum, in das Wagezimmer und in die

Abteilung für Muster und Proben, wo die wertvolleren Apparate und Reagenzien stehen, und die gleichzeitig als Bibliothek dienen kann. Wo der Raum sehr beengt ist, müssen wir uns

Abb. 4. Elektrischer Muffelofen.

mit zwei Lokalitäten begnügen, mit einem Laboratoriums- und einem Wägezimmer. Sehr empfehlenswert ist aber das Aufstellen eines kleinen Kochzimmers, wo die viel Wasserdampf ent-

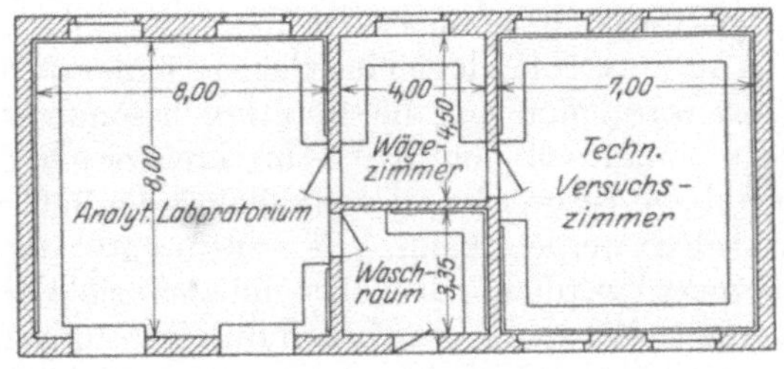

Abb. 5. Laboratoriumsgrundriß.

wickelnden und auch die gröberen Arbeiten verrichtet werden. Ist ein technisches Versuchszimmer vorhanden, so stellen wir hier die Transmission und die kleinen Maschinen auf und können hier auch das Probelager unterbringen. In Abb. 5 ist der Grundriß eines in dieser Weise zweckmäßig aufgeteilten Laboratoriums ersichtlich.

Jedes fettindustrielle Laboratorium, diene es welchem Zwecke immer, muß zur Ausführung der allgemein gangbaren Untersuchungen geeignet sein, muß aber auch zur Ausführung der speziellen Untersuchungen und Versuche der betreffenden Industrie geeignet sein. Besondere Beachtung muß der Laboratoriumsleiter der Bibliothek zuwenden, ebenso auch den Fachblättern, die sorgfältig gesammelt und am Ende des Jahres unbedingt eingebunden werden müssen. Blättern wir alte Fachblätter durch, können wir erst dann diese Schatzkammer des technischen Wissens richtig bewerten.

Sehr wichtig ist die Mustersammlung des Laboratoriums. Hier bewahren wir, meistens nur auf kurze Zeit, die zur Untersuchung eingeschickten Proben, außerdem aber sammeln wir hier die Typenmuster der eigenen und der Konkurrenzfabrikate, die verschiedenen Fettarten usw. Da die Fette und Fettprodukte vom Lichte leiden, soll man sie unter roter Glasplatte oder im Finsteren bewahren. Die Proben werden numeriert und genau katalogisiert, damit sie leicht auffindbar sind.

Da im Betrieb zumeist komprimierte Luft und Vakuum vorhanden sind, leiten wir diese auch ins Laboratorium zu den Arbeitsplätzen, die mit Elektrizität, Wasser und nach Tunlichkeit auch mit Gashähnen versehen sind. Dampf ist kaum zu entbehren, man leitet ihn am besten in eine mit guter Ventilation versehene Kapelle, wo man in mit ganz dünnen Bleischlangen versehenen $^1/_2$—2 l fassenden glasierten oder Bleigefäßen sehr bequem und rasch arbeiten kann.

Im folgenden seien einige in der Fabrikspraxis sehr gut bewährte Einrichtungen beschrieben.

T i t r i e r u n g. Da im fettindustriellen Laboratorium sehr häufig titriert wird, muß auf die Büretten besonderes Gewicht gelegt werden. Man soll nur in 0,1 cm³ kreisförmig eingeteilte Büretten benutzen, bei welchen der parallaktische Fehler der Ablesung vermieden werden kann. Es sollen entweder geeichte Büretten bezogen werden, oder aber müssen sie nachträglich kalibriert werden. Mit den beschriebenen Büretten können 0,02 cm³ noch genau geschätzt werden.

Da im fettindustriellen Laboratorium durch das Kochen der Fette viel Wasserdampf und damit viele flüchtige Fettsäuren in die Luft gelangen, die, wenn auch nur in sehr geringen Mengen, die Innenwand der Bürette belegen, so daß die Flüssigkeit nicht glatt ablaufen kann und an den Wänden Tropfen zurückbleiben, wodurch das Arbeiten mit einer solchen Bürette, und wäre sie selbst die genaueste, unmöglich wird, müssen die Büretten zeitweilig gereinigt werden. Zu diesem Zwecke waschen wir die Bürette mit Wasser aus und lassen sie über Nacht mit konz. Schwefelsäure, in welcher Kaliumbichromat gelöst wird, stehen, oder mit einer 10proz. Natronlauge, welche mit einigen Jodkristallen oder Bromtropfen versetzt wurde. Diese starken oxydierenden Substanzen entfetten die Bürettvollständig, so daß sie nach Auswaschen und Austrocknen wieder gebrauchsfähig wird.

Vor Fettsäuredämpfen, Staub und mechanischen Schäden bewahren wir die Büretten am besten, wenn wir sie zu einer Titrierungsbatterie zusammenfassen. Auf einer gut belichteten, jedoch vor direktem Sonnenlicht geschützten Stelle worden auf einer hoch angebrachten horizontalen Holzplatte die Normallösungen aufgestellt, wobei auch die Büretten an diese Holzplatte befestigt werden. Zum Nachfüllen ist es angezeigt, wenn die Büretten an ihrem unteren Teil eine seitliche Abzweigung haben. Unter den Büretten ist ein breites Brett, welches die Arbeitsplatte bildet. Die beiden, gleich breiten und langen Bretter werden mit Seitenwänden zu einem Kasten zusammengefaßt, der vorn mit einem durch Gegengewicht ausbalancierten Schieber verschlossen ist. An der rückwärtigen Wand des Kastens hängt eine kleine, 5 Kerzen starke elektrische Kohlenfadenglühlampe, durch die das Ablesen sehr genau durchführbar wird. Zwecks Vermeidung der Verdampfung geschieht der Luftzutritt durch einen in den Kasten eingeführten, mit Glasperlenventil verschließbaren Kautschukschlauch.

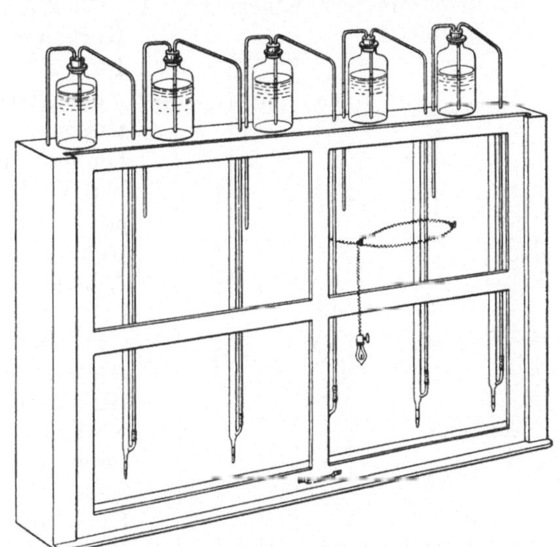

Abb. 6. Titrierungsbatterie.

Die Titrierungen führen wir am zweckmäßigsten in den weithalsigen Jenenser sog. Extrahierungskolben aus, von welchen

100-, 150- und 250-cm³-große Kolben in größerer Anzahl vorrätig sein sollen. Die in Gebrauch stehenden Kolben werden mit Glaserdiamant bezeichnet und ihr Gewicht in einer Tabelle zusammengefaßt in der Nähe der analytischen Wage aufbewahrt.

Da im fettindustriellen Laboratorium viel mit leicht siedenden Flüssigkeiten gearbeitet wird, ist es am zweckmäßigsten ausschließlich Spiralschlangenkühler zu benutzen, sowohl zur Destillation als auch als Rückflußkühler. Der in Abb. 7 dargestellte Kühler ist zu allen Zwecken sehr gut verwendbar; die Dimensionen sind in Millimetern angegeben. Als Rückflußkühler wird er mit Korken versehen, die zu den 100-, 150- und 250 kubikzentimetrigen Extrahierungskolben passen, so daß er wann immer benutzt werden kann. Dieselben Kühler benutzt man auch zu Extrahierungszwecken, wenn dies keine zu häufige Arbeit ist. Sehr gut bewährt haben sich die in Abb. 8 dargestellten kleinen Extraktoren, die sehr rasch arbeiten. Bei Benutzung von guten Korken arbeiten diese Extraktoren mit obigen Kühlern viel besser als die eingeschliffenen Extraktoren. Die Kolben werden unmittelbar auf das elektrische Heizgitter gestellt.

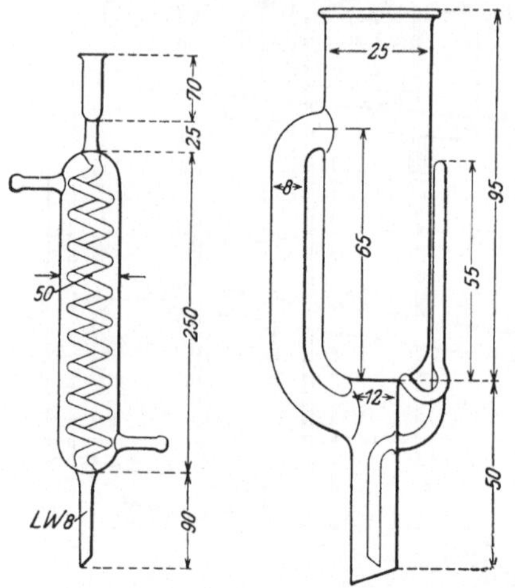

Abb. 7. Kühler. Abb. 8. Extraktor.

Dort, wo man viel extrahiert oder viel mit Rückflußkühler arbeitet, bewährt sich die in Abb. 9 dargestellte Extraktionsbatterie, an deren oberem Teil ein kleines Reservoir sichtbar ist, in welchem Wasser zirkuliert. Im Wasserbehälter sind Kupferröhren von 5 mm innerer lichter Weite angebracht, deren unteres Ende 6 cm lang herausragt und schräg angeschnitten ist. Unter jedem Rohr ist konzentrisch ein Heizgitter angebracht, welches in einer Entfernung von 55 cm auf jede Höhe einstellbar ist. Die Heizgitter ruhen auf einer Asbestschieferplatte und werden von einer Feder hinaufgedrückt, so daß die Berührung mit dem Kolben und das Schließen der Korke gesichert ist. Falls der Apparat frei steht, kann er auf beiden Seiten ausgebaut sein, wird er auf die Mauer montiert, so werden die Heizgitter einseitig angeordnet.

In großen Ölfabriken oder Extraktionswerken wird ein besonderes Extraktionszimmer eingerichtet.

Wagen. Es werden analytische Wagen bis zu 100—200 g Belastung, feinere Tarawagen bis zu 2 kg Belastung, Tischwagen bis zu 5 kg Belastung und eine kleine Dezimalwage bis zu 50 kg Belastung benutzt.

Abb. 9. Extraktionsbatterie.

Die analytischen Wagen werden gewöhnlich bis zu einer Belastung von 100 g verfertigt, es ist aber zweckmäßig, wenn wenigstens eine analytische Wage bis zu einer Belastung von 200 g vorhanden ist. Die Empfindlichkeit der Wage ist in der Regel 0,1 mg, was häufig notwendig ist, bei den meisten Operationen aber eine zu hohe ist. Falls also im Laboratorium mehrere arbeiten und jeder Analytiker seine eigene Wage hat, so ist es zweckmäßig, eine Wage mit verstellbarer Empfindlichkeit zu benutzen. Eine derartige Wage ist wohl teuer, es läßt sich aber viel Zeit ersparen, ist doch die Schwingungsdauer einer Wage um so größer, je empfindlicher die Wage ist. Sehr vorteilhaft ist es, wenn die Wage mit verstellbarer Empfindlichkeit so eingetsellt wird, daß beim Ausschwingen die Anzahl der Skalenteile gleich anzeigt, wieviel Gewichte der nächsten Dezimale auf die Wagschale gebracht werden müssen. Die Arbeit geht sehr rasch vor sich, wenn die Gewichte bei verschlossenen Wagekasten von außen gehandhabt werden können. Derartige Wagen sind aber sehr teuer, so daß man in Fabrikslaboratorien selten soviel opfert.

Haben wir eine Wage mit verstellbarer Empfindlichkeit, was sehr vorteilhaft ist, so ist es wichtig, daß immer die entsprechende Empfindlichkeit angewendet werde. Die notwendige Empfindlichkeit wird folgendermaßen festgetsellt. Die quantitative analytische Arbeit, wenn sie nicht von einer Volummessung ausgeht, beginnt stets mit einer Gewichtsbestimmung und findet ihre Fortsetzung in weiteren gravimetrischen oder volumetrischen Bestimmungen, ersteres Verfahren ist die gravimetrische, letzteres die volumetrische Methode. Unsere Erwägung richtet sich nach der angewendeten Methode.

a) Gravimetrische Methode. Ist der zu messende Bestandteil weniger als 10% der abgewogenen Substanz, genügt es, das Ausgangsmaterial mit einer 10mal geringeren, ist es weniger als 1%, mit einer 100mal geringeren Genauigkeit abzuwiegen, da sich der durch das weniger genaue Abwiegen verursachte Fehler bei dem betreffenden Bestandteil auf den zehnten bzw. hundertsten Teil reduziert, der nicht mehr gewogen werden kann oder aber innerhalb der Fehlergrenzen liegt. Die Genauigkeit wird in der Regel durch die Versuchsfehlergrenze bestimmt. Es sei z. B. in einem Öl die Menge des Unverseifbaren zu bestimmen, wobei bekannt ist, daß sie weniger als 1% beträgt. Damit der unverseifbare Teil gut gewogen werden könne, soll man ca. 0,1 g erhalten, wozu 10 g Öl abzuwiegen sind. Wollen wir den unverseifbaren Rückstand mit 0,1 mg Genauigkeit abwiegen, was auch notwendig ist, so muß das Öl mit cg-Genauigkeit gewogen werden, denn 1% hiervon ist 0,1 mg, d. i. die Grenze der Genauigkeit unserer Wage. Es genügt aber, das Öl mit 0,1 g Genauigkeit abzuwiegen, da der auf diese Weise begangene Fehler nur 1% des Analysenresultates ausmacht, während doch infolge Unvollständigkeit der Methode auch viel größere Fehler nicht zu vermeiden sind.

b) Volumetrische Methode. Hierbei hat das Ablesen der Bürette sehr genau zu geschehen. Bei den gewöhnlich benutzten halbkreisförmig auf 0,1 cm³ eingeteilten Büretten kann 0,01 cm³ nocht geschätzt werden, bei guter Übung ist der Fehler kleiner als 0,02 cm³. Jetzt müssen wir noch wissen, wieviel in der abgewogenen Substanz derjenige Bestandteil beträgt, auf welchen die in der Bürette befindliche Meßflüssigkeit einwirkt. Ist diese überwiegend, so wird das Abwiegen mit einer Genauigkeit ausgeführt, daß die dem Wägungsfehler entsprechende Menge 0,02 cm³ Meßflüssigkeit erfordert. Wir müssen z. B. eine aus Autoklavenspaltung herrührende Fettsäure abwiegen, damit wir durch Titrierung die Säurezahl und hieraus den Gehalt an freien Fettsäuren bestimmen können. Bekanntlich enthält die Fettsäure gewöhnlich mehr als 90% freie Fettsäure, es sind zur Titrierung daher von 1 g ca. 8 cm³ $^{n}/_{2}$-Kalilauge notwendig. Nach der Proportion $8:1 = 0{,}02 : X$ ist $X = \frac{0{,}02}{8} = 0{,}0025$, es würde daher genügen, mit einer Genauigkeit von 2,5 mg, d. h. mit mg-Genauigkeit zu wiegen. Als zweites Beispiel sei die Säurezahl eines Rapsöles zu bestimmen zwecks Neutralisierung. Die Säurezahl sei geringer als 10. Da reine Fettsäure, deren Säurezahl ca. 200 ist, pro Gramm ca. 8 cm³ $^{n}/_{2}$-Lauge bindet, erfordert eine Säurezahl daher $\frac{10}{200} \cdot 8 = 0{,}4$ cm³ Lauge. 1 g Öl bindet daher 0,4 cm³ Lauge; das Verhältnis ist daher $1 : 0{,}4 = X : 0{,}02$ $X = \frac{0{,}02}{0{,}4} = 0{,}05$, die Wägung muß daher mit 5 cg Genauigkeit erfolgen, statt dessen aber wenden wir 1 cg Genauigkeit an. Ist aber die Säurezahl gegen 5, genügt eine Genauigkeit von 0,1 g.

Die besprochenen Erwägungen werden natürlich nicht in jedem Fall durchgedacht, sondern man setzt von vorherein die Genauigkeit der Wägungen bei den in der Praxis häufiger vorkommenden Bestimmungen fest.

Normallösungen. Im fettindustriellen Laboratorium benutzen wir zumeist $^{n}/_{2}$-Kalilauge, $^{n}/_{2}$-Salzsäure, $^{n}/_{10}$-Kalilauge, ca. $^{n}/_{7}$-Thiosulfat; die Lösungen müssen nicht ganz genau 0,5-, 0,1- usw. normal sein, es muß nur ihr Faktor genau bekannt sein.

Ca. $^{n}/_{2}$-Kalilauge. Da von dieser Lösung viel verbraucht wird, bereiten wir auf einmal ein größeres Quantum. Falls die Temperatur des Laboratoriums gleichmäßig genug ist, kann zur Titrierung alkoholische Lauge verwendet werden, die fast karbonatfrei ist. Sie hat noch den Vorteil, daß die Regenerierung des Alkohols aus der mit ihr titrierten alkoholischen Fettlösung sehr leicht durchgeführt werden kann, da die Lösung unverdünnt bleibt, was bei Benutzung wässeriger Kalilauge nicht der Fall ist. Hingegen ist der Ausdehnungskoeffizient der wässerigen Lauge gering, so daß er bei kleinen Temperaturschwankungen außer acht bleiben kann. Zur Bereitung der $^{n}/_{2}$-Lösung wird stets ausgekochtes Wasser benutzt, in dessen Liter 30 g in Alkohol gereinigtes Kaliumhydroxyd gelöst wird. Die Flasche wird mit einem mit Gummischlauch und mit Hahn verschließbaren Natronkalkröhrchen und mit einem Abflußrohr versehen (Abb. 10). Die Bürette ist mit eingeschliffenem Stöpsel versehen, der seitlich eine Bohrung hat, so daß bei gehöriger Verstellung des Stöpsels Luft in die Bürette gelangen kann. Da die Bürette Lauge enthält, wird sie mit „Glasperlen-Gummiventil“ oder mit einem mit Metallkücken versehenen Glashahn verschlossen. Zur Feststellung des Titers benutzt man frisch umkristallisierte Oxalsäure oder reine Bernsteinsäure, die kein Kristallwasser enthält, nicht hygroskopisch und in ganz reinem Zustande erhältlich ist. Ihr Molekulargewicht ist 118,06, ihr Äquivalentgewicht 59,03.

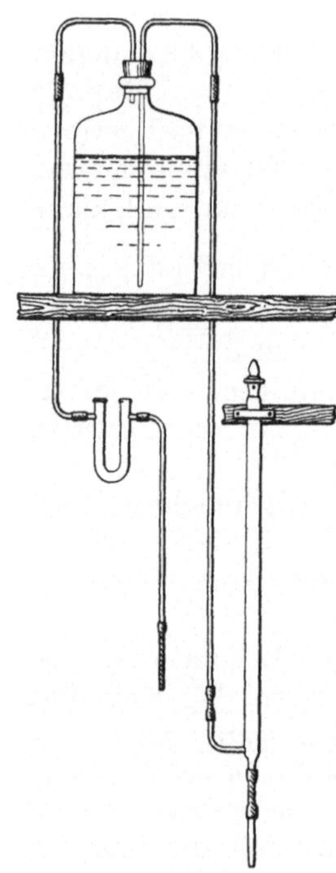

Abb. 10. Büretten-Anordnung.

Zur Einstellung der $^n/_2$-KOH werden in ein mit Ausguß versehenes kleines Becherglas außer einem kleinen Glasstab 6—7 g Bernsteinsäure gegeben, von welcher nach erfolgter Abwage 0,5—1,0 g in einem 150 kubikzentimetrigen weithalsigen Kolben entleert werden, worauf das Bechergläschen neuerdings gewogen wird. Nach Entnahme einer neuen Probe wird das Becherglas neuerdings gewogen, so daß zur Abwage von n-Portionen statt $2n$-Wägungen nur $n+1$-Wägungen notwendig sind. Die Bernsteinsäure lösen wir in ca. 25 cm³ Wasser und titrieren mit Phenolphthalein-Indikator, wobei wir vor Ablesen der Bürette 2 Minuten warten, daß die Flüssigkeit von den Bürettenwänden gehörig abfließe. 0,5—1,0 g Bernsteinsäure erfordert 20—40 cm³ $^n/_2$-Kalilauge. Z. B. sei die abgewogene Bernsteinsäure 0,7143 g, die 27,74 cm³ ca. $^n/_2$-KOH verbrauchte.

$$^1/_2\, C_4H_6O_4 : KOH = 59{,}03 : 56{,}16 = 0{,}7143 : X\,,$$

$$X = 0{,}7143\,\frac{56{,}16}{59{,}03}.$$

Bei Titrierung der Kalilauge mit Bernsteinsäure figuriert daher der folgende Faktor:

$$f = \frac{KOH}{^1/_2\, C_4H_6O_4} = \frac{56{,}16}{59{,}03} = 0{,}9514\,, \quad \log f = 0{,}9784 - 1\,.$$

Multiplizieren wir die abgewogene Menge Bernsteinsäure mit diesem Faktor, erhalten wir die äquivalenten KOH-Gramme, die dividiert mit den verbrauchten Kubikzentimetern Lauge die in 1 cm³ der Lauge enthaltene KOH-Menge ergeben:

$$\frac{0{,}7143 \cdot 0{,}9514}{27{,}74} = 0{,}02450\,.$$

Derartige Rechnungen erleichtert außerordentlich die beigeschlossene vierstellige Logarithmentafel:

log 0,7143	8539
+log 0,9514 (log *f*)	9784
	8323
−log 27,74	4431
Antilog	3892 = 2450.

Bei derartigen stöchiometrischen und fettanalytischen Berechnungen kann die Charakteristik der Logarithmen wegbleiben, da die Lage des Dezimalpunktes entweder klar ist oder sich durch einfache Erwägung ergibt. Bei Berechnungen benutzen wir ständig die Logarithmen des Laugentiters.

Auch die ca. $^n/_2$-Salzsäure braucht nicht genau auf $^n/_2$ eingestellt zu werden, es muß nur ihr Titer genau festgestellt werden. Zu ihrer Bereitung wird eine konz. Salzsäure mit Aräometer gespindelt oder titriert und entsprechend verdünnt. Es sei z. B. das spez. Gewicht der konz. Salzsäure 1,195, in welchem Falle sie im Liter 456 g Salzsäure enthält. Da $^n/_2$-Salzsäure pro Liter 18,25 g HCl enthält, entspricht dies 40,9 cm³ der konz. Salzsäure, welche wir daher auf 1000 cm³ verdünnen. Die so erhaltene ca. $^n/_2$-Salzsäure wird zwecks Bestimmung des Titers mit der schon eingestellten Lauge mit Phenolphthalein als Indikator, dann noch mit einer Kaliumhydrokarbonatlösung titriert, wobei Methylorange als Indikator benutzt wird. Die so erhaltenen zwei Titer sind auch dann nicht ganz gleich, wenn die Lauge ganz karbonatfrei ist, sondern der Titer wird dem bei der Titrierung angewendeten Indikator entsprechend gewählt. Es haben z. B. 15,00 cm³ ca. $^n/_2$-HCl bei der Titrierung 14,79 cm³ ca. $^n/_2$-KOH, deren log-Titer 3892 ist, verbraucht. Der log-Titer der Salzsäure ist daher $\frac{14,79}{15,00}\,3892 = 3831$. Dieser Faktor gibt für die Salzsäure den Titer im äquivalenten KOH an, was im fettindustriellen Laboratorium sehr bequem ist; der Titer kann natürlich auch in HCl angegeben werden.

$^n/_{10}$-KOH und -HCl werden durch Verdünnung der halbnormalen Lösungen auf das fünffache Volumen und durch neuere genaue Einstellung bereitet.

Ca. $^n/_7$-Thiosulfat wird durch Auflösen von 30 g krist. Thiosulfat pro Liter bereitet, muß jedoch vor Einstellung des Titers in einer gut verschließbaren Flasche wenigstens eine Woche verbleiben, während welcher Zeit sich der aus dem durch die im Wasser gelöste Kohlensäure zersetzten Thiosulfat abgeschiedene Schwefel absetzt; die Lösung wird ähnlich der Kalilauge (Abb. 10) mit einem Natronkalkröhrchen versehen, wodurch ihr Titer unverändert bleibt. Die solcher Art bereitete ca. $^{n}/_{7}$-Thiosulfatlösung wird annähernd der Stärke der Jodlösung entsprechen, die wir zur Bestimmung der Jodzahl benutzen.

Die Thiosulfatlösung stellen wir entweder mit Kaliumbijodat ($KH[JO_3]_2$) oder mit Kaliumbichromat ($K_2Cr_2O_7$) ein. Bei Benutzung von Kaliumbijodat werden aus einem mit Glasstab versehenen kleinen Becherglas drei- bis viermal 0,10—0,13 g Kaliumbijodat in die zur Jodzahlbestimmung benutzten Flaschen (siehe dort) abgewogen, wobei bei der Titrierung 25—30 cm³ Thiosulfatlösung verbraucht wird. Zur Ausführung der Titrierung löst man — eventuell bei gelindem Erwärmen — das Kaliumbijodat in 50 cm³ destilliertem Wasser auf, setzt nach vollständiger Auflösung 1 g Kaliumjodid und 10 cm³ ca. 5proz. Salzsäure hinzu, worauf das sich ausscheidende Jod mit Thiosulfat titriert wird. Es wurden z. B. 0,0813 g Kaliumbijodat abgewogen, deren Titrierung 21,11 cm³ Thiosulfat verbrauchte. Die Konzentration von 1 ccm Thiosulfat ist im äquivalenten Jod ausgedrückt

$$K = \frac{(\text{abgewogenes KH}\,[JO_3]_2)}{KHJ_2O_6 \cdot \text{verbrauchtes cm}^3} \cdot \frac{12\,J}{Na_2S_2O_3},$$

der konstante Ausdruck der Gleichung $\frac{12\,J}{KHJ_2O_6} = 3{,}9044 = f$ und $\log f = 5916$.

In unserem Beispiel gestaltet sich daher die Berechnung folgendermaßen:

$$\begin{array}{lr} \log f \;\ldots\ldots\ldots\ldots & = 5916 \\ + \log 0{,}0813 \;\ldots\ldots\ldots & = \underline{9101} \\ & 5017 \\ - \log 21{,}11 \;\ldots\ldots\ldots & = \underline{3245} \\ & 1772 \end{array}$$

1 cm³ der Thiosulfatlösung hat daher einen Jodwert $k = 0{,}01504$ g J/kc, $\log k = 1772$.

Die Stärkelösung bereiten wir in der gewöhnlichen Weise (man kann auch lösliche Stärke verwenden) und machen sie durch Hinzugabe von 0,2 g Sublimat pro Liter unbegrenzt haltbar.

II. Zusammensetzung der Fette und allgemeine Untersuchungsmethoden der Fette.

1. Zusammensetzung der Fette.

Betrachtet man die äußeren, physikalischen Eigenschaften, so versteht man unter Fetten im weitesten Sinne des Wortes jede Substanz, die sich fett antastet und am Papier einen fetten Fleck hinterläßt. Im engeren Sinne des Wortes versteht man unter Fetten nur fettartige verseifbare Substanzen, von denen die Glyzerinester der organischen Säuren wirkliche Fette, die Ester der organischen Säuren mit anderen Alkoholen (von höherem Molekulargewicht) Wachse sind.

Die in den Fetten vorkommenden Säuren sind gesättigt oder ungesättigt. Die ersteren entsprechen der allgemeinen Formel $C_nH_{2n+1} \cdot COOH$, die letzteren können der Ölsäurereihe, $C_nH_{2n-1} \cdot COOH$, der Linolsäurereihe, $C_nH_{2n-3} \cdot COOH$, der Linolensäurereihe, $C_nH_{2n-5} \cdot COOH$, und der Isansäurereihe, $C_nH_{2n-7} \cdot COOH$, mit 1, 2, 3 bzw. 4 Doppelbindungen angehören. Die in den Fetten zumeist vorkommenden gesättigten Säuren sind bei gewöhnlicher Zimmertemperatur fest, die ungesättigten Säuren gewöhnlich flüssig oder von niederem Schmelzpunkt. Die zu lezteren gehörende, im Rizinus- und im Traubenkernöl vorkommende Ricinolsäure ist eine Oxysäure, d. h. eine Ölsäure, in der ein Hydrogenatom durch eine Hydroxylgruppe ersetzt ist.

Die in den wirklichen Fetten und in deren Abkömmlingen vorkommenden wichtigeren Säuren sind in Tabelle 1 angeführt.

Die Fette sind überwiegend Glyzerinester der obigen Fettsäuren. In den natürlichen Fetten ist der überwiegende Teil der Fettsäuren im ursprünglichen Zustand an Glyzerin gebunden, ein kleiner Teil ist frei. Nicht ganz sicher, aber wahrscheinlich ist auch das Fett des Tier- und Pflanzenkörpers nicht ganz neutral, sondern enthält sehr wenig, vielleicht einige hundertstel Prozent freie Fettsäure. Werden die Fette dem Pflanzen- oder Tierkörper entnommen, gelangen sie hierbei auf kurze Zeit mit fettspaltenden Fermenten in Berührung, wodurch sich ihr Gehalt an freien Fettsäuren von einigen zehntel Prozenten auf einige Prozente erhöhen kann, wozu auch die Technik der Abscheidung beitragen kann (Berührung mit Wasser, höhere Temperatur usw.).

In jedem Fett ist ein kleiner Teil der Fettsäuren an hochmolekulare aromatische Alkohole gebunden, im tierischen Fett an Cholesterin, im Pflanzenfett an Phytosterin. Unter den genannten Bezeichnungen werden verschiedene ähnliche Substanzen

Tabelle 1. Die in den Fetten und Fettderivaten vorkommenden wichtigeren Säuren.

		Schmelzpunkt	Erstarrungspunkt	Molek.-Gew.	Säurezahl	Verseifungszahl	Jodzahl
a) Gesättigte Säuren. $C_nH_{2n+1} \cdot COOH$.							
Buttersäure . .	$C_3H_7 \cdot COOH$	—6,5	—19	88,06	637,2	637,2	0
Kapronsäure . .	$C_5H_{11} \cdot COOH$	—1,5	— 8	116,10	483,3	483,3	0
Kaprylsäure . .	$C_7H_{15} \cdot COOH$	16,5	12	144,13	389,4	398,4	0
Kaprinsäure . .	$C_9H_{19} \cdot COOH$	31,4		172,2	325,9	325,9	0
Laurinsäure . .	$C_{11}H_{23} \cdot COOH$	43,6		200,2	280,0	280,0	0
Myristinsäure . .	$C_{13}H_{27} \cdot COOH$	53,8		228,3	245,8	245,8	0
Palmitinsäure . .	$C_{15}H_{31} \cdot COOH$	62,62	62,6	256,3	219,0	219,0	0
Stearinsäure . .	$C_{17}H_{35} \cdot COOH$	71,5	69,3	284,4	197,3	197,3	0
Arachinsäure . .	$C_{19}H_{39} \cdot COOH$	77	77	312,4	179,9	179,9	0
Behensäure . . .	$C_{21}H_{43} \cdot COOH$	83—84	77—79	340,4	164,8	164,8	0
Cerotinsäure . .	$C_{26}H_{53} \cdot COOH$	78		410,5	136,8	136,8	0
b) Ungesättigte Säuren der Ölsäurereihe. $C_nH_{2n-1} \cdot COOH$.							
Hypogäasäure .	$C_{15}H_{29} \cdot COOH$	33—34		254,3	220,7	220,7	99,82
Physetölsäure . .	$C_{15}H_{29} \cdot COOH$	30		254,3	220,7	220,7	99,82
Ölsäure	$C_{17}H_{33} \cdot COOH$	14	4	282,3	198,8	198,8	89,91
Elaidinsäure . .	$C_{17}H_{33} \cdot COOH$	51—52	44—45	282,3	198,8	198,8	89,91
Isoölsäure . . .	$C_{17}H_{33} \cdot COOH$	44—45		282,3	198,8	198,8	89,91
Rapinsäure . . .	$C_{17}H_{33} \cdot COOH$	flüssig		282,3	198,8	198,8	89,91
Erukasäure . . .	$C_{21}H_{41} \cdot COOH$	33—34		338,4	165,9	165,9	75,01
Isoerukusäure .	$C_{21}H_{41} \cdot COOH$	54—56	51—52	338,4	165,9	165,9	75,01
c) Ungesättigte Säuren der Linolsäurereihe. $C_nH_{2n-3} \cdot COOH$.							
Linolsäure . . .	$C_{17}H_{31} \cdot COOH$	unter —18		280,3	200,2	200,2	181,1
d) Ungesättigte Säuren der Linolensäurereihe. $C_nH_{2n-5} \cdot COOH$.							
Linolensäure . .	$C_{17}H_{29} \cdot COOH$			278,3	201,7	201,7	273,6
e) Ungesättigte Säuren der Isansäurereihe. $C_nH_{2n-7} \cdot COOH$.							
Clupanodonsäure	$C_{17}H_{27} \cdot COOH$			276,3	203,1	203,1	367,3

zusammengefaßt, die vom technischen Standpunkte aus nicht zergliedert werden müssen. Das Cholesterin beträgt in den tierischen Fetten in der Regel nur einige zehntel Prozente, das Phytosterin kann in den Pflanzenfetten manchmal 1—2% oder auch mehr betragen. In großer Menge kommt das Cholesterin in dem Wollfett genannten Wachs vor, welches eigentlich hauptsächlich der Cholesterylester der Fettsäuren ist, dann im Fett einiger Seetiere. Cholesterin und Phytosterin kommen in unverseifbaren Bestandteilen der Fette vor, das Unverseifbare besteht aber nicht bloß aus Sterin, sondern es können darin auch Kohlenwasserstoffe und andere Substanzen enthalten sein.

Die Fettsäuren in den Glyzeriden können einheitlich oder gemischt sein; da wir dies jedoch nicht beeinflussen können und dies in den abgeschiedenen Fettsäuren nicht mehr bestimmt werden kann, hat dies jetzt noch wenig technische Bedeutung. Vielleicht bietet die Hydrogenisierung der Fette eine Methode, um aus einfachen (homogenen) Glyzeriden „gemischte Triglyzeride" erhalten zu können. Da die gemischten Glyzeride einen niedrigeren Schmelzpunkt haben als das Gemenge der Glyzeride der darin vorkommenden Fettsäuren, so kann dies eventuell in der Technik Bedeutung haben.

2. Allgemeine Untersuchungsmethoden der Fette.

Die allgemeinen Untersuchungsmethoden der Fette finden in jedem Zweig der Fettindustrie Anwendung, weshalb wir dieselben zur Vermeidung von Wiederholungen nicht in den verschiedenen Kapiteln, sondern zusammenfassend behandeln. Von der Molekülgröße und der inneren Zusammensetzung der reinen, von fremden Substanzen freien Fette können wir sozusagen einen Abdruck bereiten durch Bestimmung der sog. Konstanten und Variablen. Zu den in der Technik angewendeten Konstanten gehören die Verseifungszahl, die Jodzahl, die Reichert-Meissl-Zahl, die Polenske-Zahl und endlich die Azetylzahl; hierher können auch der Titer und der Schmelzpunkt gezählt werden. Zu den Variablen gehört die Säurezahl.

Die hier angeführten Bestimmungen führen nur dann zu brauchbaren Werten, wenn sie sich auf ganz reines Fett beziehen, oder aber wenn die Menge der Fremdsubstanz bekannt ist und die Reagenzien auf letztere nicht einwirken. Es ist natürlich am besten, die Werte mit reinem Fett zu bestimmen, was jedoch nicht immer möglich ist.

Die Verseifungszahl gibt an, wieviel Milligramm Kalihydrat (KOH mg) zur vollständigen Verseifung von 1 g Fett oder Wachs verbraucht werden. Die Bestimmung beruht darauf, daß das Fett usw. mit überschüssiger Kalilauge erwärmt wird, worauf dann der Überschuß der Lauge zurücktitriert wird.

Zur Bestimmung werden in einen weithalsigen Jenenser sog. Extraktionskolben 2,5—2,7 g Fett gewogen. Von Kokos- und Palmkernöl wiegen wir weniger, 2,1 g, ab, von Fetten mit höherer Verseifungszahl, z. B. von azetylierten, sulfurierten Fetten usw., entsprechend noch weniger ab. Zum Fett geben wir 25 cm^3 $^n/_2$ alkoholische Lauge hinzu, welches Quantum als sog. blinder Versuch auch in einen ähnlichen leeren Kolben gegeben wird, wobei darauf zu achten ist, daß die Lauge in beiden

Fällen in ganz gleicher Weise in den Kolben gelange, daß also ihre Menge eine ganz gleiche sei. Den Kolben verbinden wir mit Kork mit dem Rückflußkühler und halten ihn auf dem in Abb. 1 oder Abb. 9 dargestellten elektrischen Heizgitter vom Beginn des Siedens gerechnet 1 Stunde im lebhaften Sieden, worauf wir noch warm den Überschuß der Lauge mit ca. $^n/_2$-Salzsäure bei Benutzung von Phenolphthalein als Indikator zurücktitrieren.

Beispiel: Abgewogenes Rapsöl 2,7146 g, blinder Versuch 24,17 cm³, zur Zurücktitrierung der überschüssigen Lauge wurden 4,94 cm³ verbraucht von der ca. $^n/_2$-HCl mit Titer 3831, wobei letzterer nach S. 13 in Äquivalenten KOH ausgedrückt ist. Es wurden also 24,17 — 4,94 = 19,23 cm³ verbraucht.

log 19,23	2840
Faktor	3831
	6671
log 2,7146	4336
	2335,

dessen Antilogarithmus die Verseifungszahl 171,2 angibt.

Säurezahl. Während die Verseifungszahl bei der technischen Verarbeitung der Fette selten geändert wird, ist die Veränderung der Säurezahl die Folge mehrerer technischer Vorgänge (Fettspaltung, Esterifizierung, Entsäuerung, Anhydrid- und Laktonbildung usw.), so daß die Säurezahlbestimmung in der fettindustriellen Kontrolle sehr häufig vorkommt.

Die Säurezahl gibt die Milligramme KOH an, die zur Sättigung von 1 g Fett notwendig sind. Zu ihrer Bestimmung wird das Fett in einen weithalsigen, 150 kubizentimetrigen Kolben hineingewogen, mit 45 cm³ genau neutralisiertem Alkohol versetzt, bis zum beginnenden Sieden erhitzt und mit $^n/_2$-KOH bei Phenolphthalein-Indizierung titriert.

Beispiel: Von einer aus Kokosölraffination stammenden „Fettsäure" wurden 1,8752 g abgewogen. Zur Titrierung wurden 6,82 cm³ ca. $^n/_2$-KOH mit Titer 3892 verbraucht. Die Berechnung der Säurezahl ist daher folgende:

Faktor	3892
log 6,82	8338
	2230
log 1,8752	2730
	9500,

dessen Antilog 89,13 die Säurezahl anzeigt.

Die Menge der abzuwiegenden Substanz richtet sich nach der Menge der freien Fettsäure. Besteht die Substanz überwiegend aus Fettsäuren, genügt das Abwiegen von 1 g, während von neutralisierten Ölen bei Benutzung von $^{n}/_{2}$-KOH 15—20 g, beim Gebrauch von $^{n}/_{10}$-KOH entsprechend weniger abzuwiegen sind. Das Vermischen des Alkohols mit Äther ist auch dann überflüssig, wenn sich die hauptsächlich aus Neutralfetten bestehende Substanz in Alkohol nicht löst. Bei Benutzung von Wagen mit verstellbarer Empfindlichkeit empfiehlt es sich, folgende Mengen abzuwiegen:

Säurezahl	Abzuwiegende Menge in Grammen	Genauigkeit der Abwage
0— 5	15	0,1 g
5— 50	10—12	0,01 g
50—200	2— 0,5	0,002 g

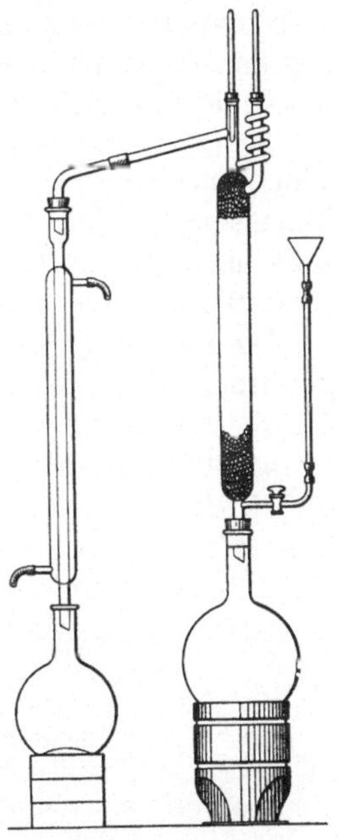
Abb. 11. Apparat zur Regenerierung der Alkoholrückstände.

Regenerierung der Alkoholrückstände. Da die fettindustriellen Laboratorien sehr viel Alkohol verbrauchen, sammeln wir die alkoholischen Rückstände in einem größeren Gefäß oder Ballon und regenerieren sie zeitweilig. Würden wir statt der wässerigen Normallösungen mit alkoholischem Kali oder alkoholischer Salzsäure arbeiten, so könnte man die alkoholischen Rückstände mit einfacher Destillation regenerieren. Nach dem Gebrauch von wässerigen Normallösungen enthält der Rückstand in der Regel nur 50—60% Alkohol, so daß er rektifiziert werden muß, zu welchem Zwecke die in Abb. 11 dargestellte Rektifizierungs-Einrichtung ausgezeichnet verwendet werden kann. Nach der ersten Rektifizierung erhalten wir von der Seifenlösung 88—90 proz. Alkohol, nach der zweiten Rektifizierung einen 93—95 proz., der zu allen Laboratoriumszwecken verwendbar ist.

Die Ätherzahl. Die Differenz zwischen Verseifungs- und Säurezahl nennt man Äther- oder Esterzahl, da bei Abwesenheit von Laktonen und Anhydriden diese Differenz vom Esterteil, von den Glyzeriden stammt. Die Esterzahl multipliziert mit 0,05466 gibt den Glyzeringehalt des Fettes, in Prozente ausgedrückt, an (siehe auch S. 123).

Die Jodzahl. Während die Verseifungszahl vom durchschnittlichen Molekulargewicht des Fettes abhängt, die Säurezahl hingegen vom Säuregehalt, ist die Jodzahl proportional den ungesättigten Bindungen des Fettes. Ist das durchschnittliche Molekulargewicht eines Fettes M, und sind die darin enthaltenen ungesättigten Valenzen gleich t, so ist die Jodzahl

$$J = 12\,685 \frac{t}{M},$$

oder in Worten ausgedrückt: die Jodzahl gibt die in Prozenten ausgedrückte Jodmenge an, die zur Bindung der ungesättigten Valenzen des Fettes notwendig ist.

In Fabrikslaboratorien ist die Wijssche Methode die zweckmäßigste, da sie rasch durchführbar ist und sehr genaue Werte gibt. Die Winklersche Methode, die auch ich wegen ihrer verhältnismäßig billigen Ausführbarkeit seinerzeit empfohlen habe[1]), gibt nach meinen neueren Erfahrungen häufig falsche Resultate, so daß sie zu verwerfen ist.

Die Lösung ist auf Jod bezogen eine $^1/_5$ normale Jodmonochloridlösung (JCl), sie enthält daher in 25 cm³ 0,62 g Jod, wovon $^1/_3$ als Überschuß verbleiben muß. Deshalb ist die abzuwägende Menge der einzelnen Fette ihrer Jodzahl anzupassen. Man wägt daher ab:

von	Leinöl (Jodzahl 180)	0,15—0,20 g
„	Mohnöl (Jodzahl 160)	0,20—0,25 g
„	Sonnenblumenöl (Jodzahl 135) . .	0,25—0,28 g
„	Rüböl (Jodzahl 105)	0,3 —0,38 g
„	Olivenöl (Jodzahl 85)	0,3 —0,4 g
„	Olein (Jodzahl 90)	0,3 —0,4 g
„	Knochenfett (Jodzahl 55)	0,6 —0,7 g
„	Destillatstearin (Jodzahl 10—25) .	1,5 —2,0 g
„	Palmkernöl (Jodzahl 10)	2,0 —2,5 g
„	Saponifikatstearin (Jodzahl 2—5)	3 g

Das Gewicht der für die Jodzahlbestimmung abzuwiegenden maximalen Fettmengen:

Jodzahl	Abzuwiegende Substanz	Jodzahl	Abzuwiegende Substanz
0—10	3,0 g	80—100	0,30 g
10—20	1,5 g	100—130	0,23 g
20—30	1,0 g	130—150	0,20 g
30—50	0,60 g	150—170	0,17 g
50—80	0,37 g	170—200	0,15 g

[1]) Chemiker-Zeit. 1915, S. 744.

Das Abwiegen muß mit einer bis zur vierten Dezimale reichenden Genauigkeit geschehen, und zwar am zweckmäßigsten in der Weise, daß bei flüssigen Fetten ein kleines, mit Glasstab versehenes, die Substanz enthaltendes gewogenes Bechergläschen nach Entnahme des Öles zurückgewogen wird. Feste Fette bringen wir im geschmolzenen Zustande auf kleine gewogene Glasplättchen, die aus dünnem Fensterglase selbst ausgeschnitten werden können und die nach Erkalten des Fettes abermals gewogen werden. Das Öl tropfen, das Plättchen werfen wir in eine Flasche mit gut eingeschliffenem Stöpsel, übergießen die Substanz mit 10 cm^3 Tetrachlorkohlenstoff und versetzen nach dem Auflösen mit 25 cm^3 Wijsscher Jodlösung. Gleichzeitig führen wir auch einen blinden Versuch aus. Ist die Bestimmung nicht eilig, lassen wir 2 Stunden stehen, bei nicht trocknenden Ölen genügt auch $^1/_2$ Stunde, worauf wir 1 g in 100 cm^3 Wasser aufgelöstes KJ hinzufügen und vorerst den größten Teil des Jodes mit ca. $^n/_7$-Natriumthiosulfatlösung zurücktitrieren, bis die Lösung kaum mehr gelb erscheint. Die gut verschlossene Flasche schütteln wir durch, wobei das im Tetrachlorkohlenstoff gelöste Jod in die wässerige Lösung übergeht, worauf wir nun bis zur blaßgelben Färbung titrieren und dann die Titration in Gegenwart von Stärkelösung zu Ende führen.

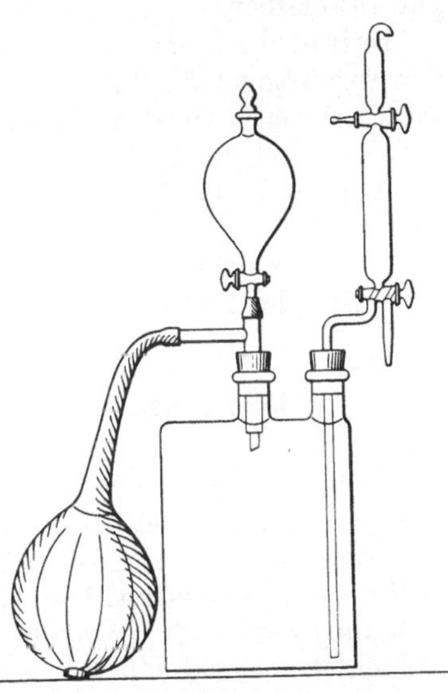
Abb. 12. Automatische Pipette.

Bereitung der Wijsschen Jodlösung. In Fetthärtungsfabriken, Stearinerien, Firnisfabriken usw., d. h. überhaupt dort, wo man häufig Jodzahlbestimmungen ausführt, ist es am zweckmäßigsten, die Wijssche Lösung aus Jod und Chlor herzustellen. Verflüssigtes Chlor ist in kleinen Bomben erhältlich. Man löst in ganz reiner 100proz. Essigsäure pro Liter 12,7 g Jod bei ganz gelinder Erwärmung; hat sich das Jod ganz aufgelöst, leiten wir aus der Bombe durch ein dünnes Bleirohr bzw. durch ein sich daran anschließendes Glasrohr Chlor ein, bis die Farbe der braunen Jodlösung in Gelblichrot umschlägt. Die Wijssche Jodlösung kann auch so bereitet werden, daß in ca. $^1/_2$ l Eisessig 7,8 g Jodtrichlorid

(JCl_3) und 8,5 g Jod gelöst und nach ihrer Auflösung mit Eisessig auf 1 l aufgefüllt werden. Da die Bereitung dieser Jodlösung sehr unangenehm ist, stellt man in der Regel auf einmal ein größeres Quantum her. Zur raschen und genauen Abmessung der Jodlösung benutzt man in der Regel eine automatische Pipette, z. B. den in Abb. 12 ersichtlichen einfachen Apparat.

Wo ganze Serien von Jodzahlbestimmungen durchgeführt werden, ist die in Abb. 13 dargestellte automatische Pipette sehr gut anwendbar.

Beispiel zur Jodzahlbestimmung. Von einem Fett wurden abgewogen 0,5742 g, der blinde Versuch ergab 43,54 cm³, zum Zurücktitrieren wurden verbraucht 20,35 cm³, daher ist das verbrauchte Jod 23,19 cm³ Thiosulfatlösung äquivalent. Der Titer der Lösung ist 1772:

Faktor	1772
log 23,19	3653
	5425
log 0,5742	7591
	7834,

Antilogarithmus = 60,73, die Jodzahl ist demnach = 60,73.

Regenerierung des gebrauchten Kohlenstofftetrachlorids der Jodzahlbestimmung. Nach der Jodzahlbestimmung werden die wässerige Jodlösung und das sich absetzende Kohlentetrachlorid separat gesammelt. Letzteres wird in einem größeren Schütteltrichter mit Wasser öfters geschüttelt, bis das Waschwasser nicht mehr sauer reagiert, worauf es aus einem Rundkolben in Gegenwart von Bimssteinstückchen abdestilliert wird. Die ersten Fraktionen sind vom Wasser trüb, die späteren sind von den im CCl_4 gelösten Jod rosafarbig. Dessen ungeachtet fangen wir die ganze Fraktion vereint auf und schütteln sie im Schütteltrichter mit wenig konz. Thiosulfatlösung so lange, bis sie sich entfärbt. Hierauf schütteln wir sie mit Wasser öfters, trennen sie im Schütteltrichter möglichst scharf ab und lassen das trübe Kohlenstofftetrachlorid im Kolben mit Chlorkalzium stehen unter häufigem Schütteln. Hat sich das Kohlenstofftetrachlorid ganz geklärt, filtrieren wir es durch einen Faltenfilter ab und destillieren es aus einem Kolben nach Hinzugabe einiger kleiner Kieselsteinchen auf freier Flamme ab. Das Kohlentetrachlorid läßt sich auf diese Weise fast quantitativ zurückgewinnen.

Regenerierung der Jodabfälle. Die Jodzahlbestimmung ist eine kostspielige Operation, so daß das Jod regeneriert werden muß, obwohl eine in jeder Hinsicht zufriedenstellende Regenerierung noch nicht bekannt ist. Die Jodlösung enthält 0,75—1% Jod, ein Ballon von 50 l enthält also ca. $^1/_2$ kg Jod.

1. Methode. Man setzt pro Liter jodhaltigen Wassers 5 g kristallisiertes Kupfersulfat und 2,5 g Natriumsulfit oder -bisulfit, am besten in Form einer konz. Lösung hinzu. Statt der 2,5 g

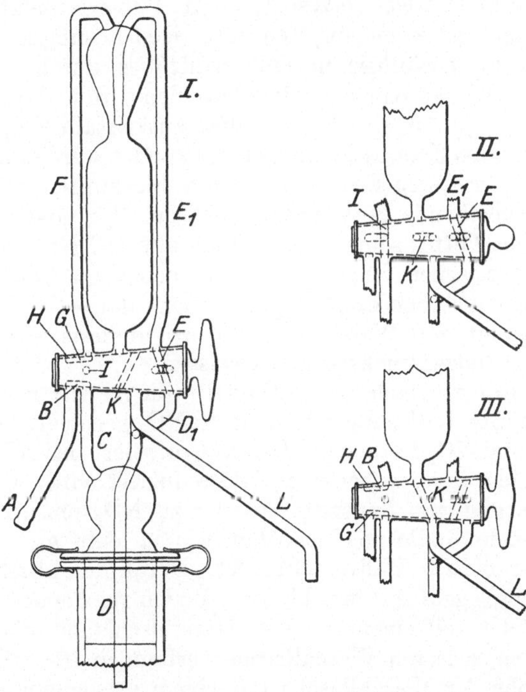

Abb. 13. Automatische Pipette für massenhafte Jodzahlbestimmungen.

Natriumsulfit können auch 6 g kristallisiertes Eisenvitriol zugesetzt werden, doch muß man in diesem Falle die Lösung mit ein wenig Schwefelsäure versetzen. Nach tüchtigem Anrühren läßt man einen Tag stehen, damit sich das Kuprojodid absetzt, gießt dann den Inhalt durch einen reinen Leinwandsack und wäscht das hellrosafarbige Kuprojodid erst mit gewöhnlichem, dann mit dest. Wasser gut aus und trocknet es. Das Kuprojodid kann nun entweder auf Jod oder auf Jodkalium verarbeitet werden.

Im ersteren Falle wird das trockene Kuprojodid mit halb soviel fein zerstoßenem Braunstein innig vermengt, die Mischung aus einer Retorte destilliert und das Produkt durch Sublimation gereinigt. Wollen wir das Kuprojodid auf Jodkali verarbeiten, so muß der trockene Niederschlag mit Wasser aufgeschlämmt und bis zu 30% seines Gewichtes mit Ätzkali oder mit 75% Pottasche versetzt werden, wonach die Lösung in einer großen Porzellanschüssel gut durchgemischt und über freier Flamme aufgekocht wird. Während des Siedens geht das Kuprojodid in Jodkalium und Kuprooxyd über, welch letzteres sich als Pulver absetzt. Aus der abgegossenen und eingedampften wässerigen Lösung läßt man das Jodkalium auskristallisieren und reinigt es durch wiederholte Kristallisation. Der Kuprooxydniederschlag wird in 25proz. Schwefelsäure warm gelöst, das Kupfersulfat auskristallisiert, so daß es wieder zu neuen Jodabscheidungen verwendet werden kann.

Das bei der ersten Destillation des Kohlenstofftetrachlorids im Kolben verbleibende Fett enthält noch ca. $^1/_2$% Jod. Macht die Menge dieses Fettes seine Verarbeitung auf Jod rentabel, so wird es in einer eisernen Schale auf dem kochenden Wasserbad geschmolzen, mit ebensoviel 50proz. Natronlauge vermischt, die Masse verkohlt, mit Wasser ausgezogen und dieser wässerige Auszug zu den Jodzahlrückständen gegossen.

2. Methode. Nach der Methode[1]) von Arndt wird in nicht sehr verdünnte Jodlösung ein wenig $NaNO_2$ gegeben, aus dem die Säure NO und NO_2 freimacht. Das NO_2 oxydiert das HJ zu Wasser und zu freiem Jod, wobei es zu NO reduziert wird, welches sich bei Einführung von Sauerstoff wieder zu NO_2 umsetzt. Die zu regenerierende Jodlösung schütten wir in eine große Flasche, welche nur bis zur Hälfte gefüllt ist. Durch den abschließenden Gummistöpsel geht ein fast bis zum Boden reichendes Rohr hindurch, welches mit einem längeren Gummischlauch mit dem Austrittsrohr einer leeren Waschflasche verbunden ist, während das Eintrittsrohr der Waschflasche mit einem Gasometer in Verbindung steht; letzterer ist mit einer Sauerstoffbombe verbunden. Stammen die Jodabfälle von der Wijsschen Jodzahlbestimmung, so sind sie ohnehin sauer, im entgegengesetzten Falle säuern wir sie mit wenig Schwefelsäure an. Aus dem Gasraum der nur lose verschlossenen Flasche verdrängen wir die Luft mit Sauerstoff, sperren den Gasometerhahn ab, schütten ein wenig Nitritlösung in die Flasche, bis der Gasraum vom NO_2 intensiv rot wird, verschließen jetzt die Flasche fest, öffnen den Gasometerhahn, worauf

[1]) Ber. d. Dtsch. Chem. Ges. Bd. 52, S. 1131. 1919; Chemiker-Zeit. 1923, S. 16.

sofort oder nach schwachem Schütteln ein lebhafter Sauerstoffstrom in die Flasche einströmt. Die Flasche schütteln wir vorerst vorsichtig, später lebhafter und andauernd, wobei der Sauerstoff sehr rapid in die Flasche eingesaugt wird. Zeitweilig überzeugen wir uns bei Einstellung des Schüttelns ob Sauerstoff noch in die Flasche strömt und ob der Gasraum noch rot ist. Falls dies nicht der Fall ist, wird der beschriebene Vorgang nach Hinzugabe von etwas Nitrit noch fortgesetzt. Die Regenerierung ist beendet, wenn die Flüssigkeit die Wände der Flasche durch das sich ausscheidende Jod nicht mehr gelb färbt und wenn die Sauerstoffaufnahme aufgehört hat. Nach Absetzen des kristallinischen Jodniederschlages geben wir zur klaren Flüssigkeit einige Tropfen Nitrit, damit wir uns von der gänzlichen Abscheidung des Jodes überzeugen. Hierauf dekantieren wir die Flüssigkeit, schütten den schweren Jodniederschlag in einen Rundkolben und regenerieren in der Flasche eine weitere Menge der Jodabfälle. Das gesammelte Jod destillieren wir mit Wasserdampf, schütten die Hauptmenge des Wassers weg, sublimieren am Wasserbad und trocknen über $CaCl_2$ im Exsikkator. Leider gelingt es nur sehr schwer, das Jod von den NO_2-Spuren zu befreien, was das fortwährende Wiedererscheinen der blauen Farbe der titrierten Jodlösungen verursacht[1]).

Reichert-Meisslsche und Polenske-Zahl. Bei technischen Untersuchungen wird zumeist nur die Polenske-Zahl verwendet, da jedoch die gleichzeitige Bestimmung der Reichert-Meisslschen Zahl fast gar kein Arbeitsplus verursacht, bestimmen wir in der Regel beide Konstanten auf einmal. Die Polenske-Zahl leistet ausgezeichnete Dienste zur quantitativen Bestimmung des Kokosfettes in Fettgemengen, z. B. Speisefetten, Seifen usw.

Die Reichert-Meisslsche Zahl gibt die Anzahl Kubikzentimeter $^{n}/_{10}$-Lauge an, welche zur Neutralisierung der aus 5 g Fett bei genau festgesetzter Versuchsanordnung abdestillierten flüchtigen, wasserlöslichen Fettsäuren verbraucht werden, während die Polenske-Zahl die gleichzeitig erhaltenen flüchtigen wasserunlöslichen Fettsäuren angibt. Die Reichert-Meisslsche-Zahl des Butterfettes, die Polenske-Zahl des Kokosfettes sind recht bedeutend:

	Reichert-Meisslsche Zahl	Polenske-Zahl
Butterfett	26—33	1,9— 3,0
Kokosfett, Palmkernöl	5— 8	16,8—17,8
Delphin- und Meerschweintran .	6— 6,6	—

[1]) Chemiker-Zeit. 1915, S. 33.

Zur Bestimmung der Reichert-Meissl-Zahl nach der Leffmann und Beamschen Methode werden 5 g Fett, 20 g 28gradiges Glyzerin und 2 g 50proz. Natronlauge in einem 300-cm³-Kolben über freier Flamme unter ständigem Umschwenken bis zum Klarwerden der Flüssigkeit erhitzt. Die Seife wird in 90 cm³ ausgekochtem Wasser gelöst, auf etwa 50° erwärmt und mit 50 cm³ verdünnter Schwefelsäure — 25 cm³ konz. H_2SO_4 werden mit Wasser auf 1 l verdünnt — versetzt, worauf nach Hinzufügen einer Messerspitze groben Bimssteinpulvers mit dem in Abb. 14 ersichtlichen Destillationsapparat sofort destilliert wird.

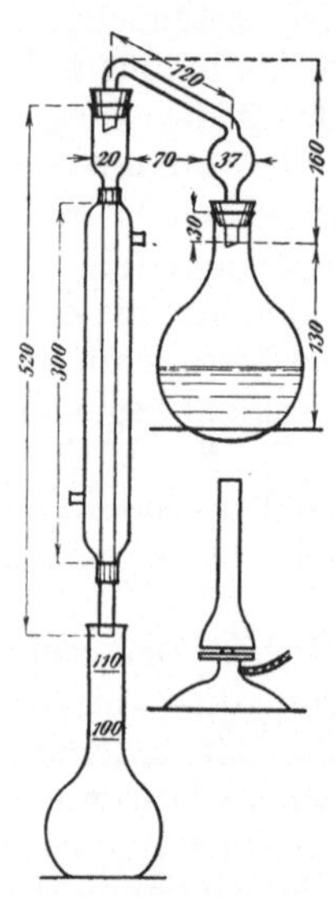

Abb. 14. Apparat zur Bestimmung der Reichert-Meissl- und Polenske-Zahl.

Das Destillat von 110 cm³ soll in 19—21 Minuten übergehen und soll eine Temperatur von 21—23° haben. Sobald das Destillat 110 cm³ erreichte, wird die Flamme abgedreht, das Sammelgefäß weggenommen und ein kleiner Zylinder untergestellt. Hierauf wird das Sammelgefäß mit Glasstopfen verschlossen, einigemal unter Vermeidung starken Schüttelns umgekehrt und durch ein glattes Filter von 8 cm Durchmesser filtriert. 100 cm³ des Filtrates titrieren wir unter Zusatz von Phenolphthalein mit $^{n}/_{10}$-Lauge, multiplizieren mit 1,1 und erhalten dadurch die Reichert-Meisslsche Zahl.

Zur Bestimmung der Polenske-Zahl müssen die neben den unlöslichen Fettsäuren am Filter verbleibenden wasserlöslichen Fettsäuren vollkommen entfernt werden. Das Filter wird dreimal mit 15 cm³ Wasser ausgewaschen in der Weise, daß das Waschwasser vorher das Kühlrohr, den daruntergestellten Meßzylinder und den 110-cm³-Kolben passiert. In derselben Weise verfährt man dreimal hintereinander mit je 15 cm³ neutralem Alkohol, um die wasserunlöslichen Fettsäuren zu lösen, wobei man darauf achtet, daß das Filter erst dann gefüllt werde wenn die vorhergegangenen 15 cm³ Alkohol schon abgelaufen sind. Die vereinigten alkoholischen Filtrate werden nach Zusatz von Phenolphthalein titriert, wobei die verbrauchten Kubikzentimeter $^{n}/_{10}$-Lauge die Polenske-Zahl angeben.

Die Azetylzahl (Hydroxylzahl) ist das Maß des Hydroxylgehaltes der Fette, ohne Rücksicht, ob das Hydroxyl in der Fettsäure oder im Alkohol enthalten ist; das Karboxyl-Hydroxyl ist als nicht azetylierbar nicht mit einbegriffen. Die Azetylzahl gibt die Anzahl Milligramme Ätzkali an, die zur Neutralisation der bei der Verseifung von 1 g azetyliertem Fett freiwerdenden Essigsäure notwendig sind.

Die Azetylzahl ist wichtig bei der quantitativen Bestimmung des Rizinusöls (z. B. im Türkischrotöl), bei der Schwefelsäurespaltung, bei der Azidifizierung, bei geblasenen Ölen und bei aus Paraffinen oxydierten Ölen und Wachsen.

Die Azetylzahl der meisten Fette ist ganz gering und erreicht kaum einige Einheiten; bei ranzigen Fetten kann sie infolge Bildung von Mono- und Diglyzeriden höher sein, weshalb es angezeigt ist, diese Zahl aus Fettsäuren zu bestimmen. Da das Rizinus- und das Weintraubenkernöl überwiegend aus Glyzeriden von Oxyfettsäuren besteht, ist die Azetylzahl des ersteren 152—156, die des letzteren ca. 145.

Die Bestimmung geschieht am einfachsten mit der Normannschen Methode: 2 g Fett werden mit 6 cm^3 Essigsäureanhydrid 1 Stunde am Rückflußkühler erhitzt. Nach der Azetylierung schüttet man den Kolbeninhalt quantitativ in eine kleine Schale, wäscht mit Äther nach und vertreibt auf einem vorerst schwach, später stärker erhitzten Wasserbad das Essigsäureanhydrid ganz. Hernach wird der Rückstand im neutralen Alkohol gelöst und mit ca. $^n/_2$ alkoholischer Kalilauge die Azetylsäurezahl bestimmt, worauf nach Hinzugabe überschüssiger alkoholischer Kalilauge die Azetylverseifungszahl festgestellt wird. Der Unterschied der zwei Zahlen gibt die Azetylzahl. Man kann auch statt 2 g Fett ca. 4 g azetylieren und Säure- und Verseifungszahl in besonderen Proben bestimmen.

Titer und Schmelzpunkt. In den Industrien, in welchen man Fettsäuren oder Salze der Fettsäuren herstellt (Stearinindustrie, Seifenindustrie), hat der Titer, d. h. der auf vorgeschriebene Weise gemessene Erstarrungspunkt der Fettsäuren große Wichtigkeit. In allen Industrien, wo neutrale Fette eine Rolle spielen, ist der Schmelzpunkt wichtig, z. B. bei den Speisefetten. Wo das Fett für beide Zwecke verwendet wird, was z. B. bei den hydrogenisierten Fetten der Fall ist, müssen wir sowohl Titer wie Schmelzpunkt berücksichtigen.

Zwischen Schmelzpunkt (Erst.-P.) der neutralen Fette und zwischen dem Titer der aus ihnen abgeschiedenen Fettsäuren besteht ein gewisser Parallelismus, da der Schmelzpunkt um so höher ist, je höher der Titer ist; die beiden sind jedoch nicht nur nicht proportional zueinander, sondern der Schmelzpunkt (Erst.-P.) kann nicht einmal mit gehöriger Genauigkeit bestimmt werden, da der Schmelzpunkt (Erst.-P.) des neutralen Fettes einige Grade hindurch anhalten kann. Auch kann zwischen zwei Fetten von demselben Titer im Schmelzpunkt ein Unterschied von 20—30° sein, je nachdem das Fett ein Gemenge homogener oder gemischter Triglyzeride ist. Sehr oft zeigt sich diese sonderbare Eigenheit beim Schwein- und Gansfett, die häufig trotz ihres verhältnismäßig hohen Titers ganz flüssig sind. So z. B. war ein Schweinfett mit Titer 40° bei 15° noch flüssig, während ein anderes Fett mit demselben Titer den Schmelzpunkt bei 34° hatte. Speisefette sollen daher nach Schmelzpunkt, Stearin- und Seifenfabrikationsfette nach Titer gekauft werden, obzwar die jetzt gebräuchlichen Schmelzpunktbestimmungsmethoden nicht zuverlässig sind und der Titer kein ständiger Wertmesser des Fettes ist, was bei der Stearinerzeugung (S. 105) und bei der Seifenfabrikation noch ausführlich besprochen werden wird.

Zur Bestimmung des Titers sind mehrere Verfahren bekannt, deren Daten voneinander kaum abweichen, so daß es am zweckmäßigsten erscheint, von den gebräuchlichen Methoden das einfachste, das in geringerem Maße abgeänderte Wolfbauersche Verfahren mitzuteilen. Zur Bestimmung des Titers müssen die Fettsäuren aus dem Fett in irgendeiner Weise abgeschieden werden. Ist das Fett nicht ganz neutral (was außer den Speisefetten bei jedem Fett der Fall ist), so wiegen wir in einem ca. $^1/_2$ l fassenden Porzellanzylinder auf einer Tisch- oder Briefwage 60 g Fett ab und erwärmen es bis zum beginnenden Schmelzen ganz schwach. Hierauf vermischen wir es mit 25 cm^3 50 proz. Kalilauge und rühren es so lange, bis wir eine ganz gleichmäßige, dichte Seife erhalten, die wir im Porzellanzylinder auf eine Stunde bei 105° ins Luftbad stellen. Hernach schütten wir 50 cm^3 siedendes Wasser hinzu und verrühren es damit, bis wir einen gleichmäßigen Seifenleim erhalten, der ebenfalls auf $^1/_2$ Stunde ins Luftbad gestellt wird. Nach Herausnahme des Zylinders fügt man einige kleine Kieselsteine und 100 cm^3 20 proz. rohe Schwefelsäure hinzu und kocht auf kleiner Flamme so lange, bis die reine Fettsäure obenauf schwimmt. Falls das Fett sehr wenig freie Fettsäure enthält, kann die konz. Kalilauge das Fett nicht angreifen, scheidet sich vom Fett ständig ab, und die Verseifung kann nicht einsetzen. Sodann ist es ratsam, ein wenig Alkohol hinzuzufügen, worauf die Verseifung glatt beginnt, vor der Ansäuerung muß aber der Alkohol vollständig vertrieben werden, was z. B. im Luftbad durch längeres Erwärmen unter fortwährendem Umrühren oder noch sicherer durch Eindampfen in einer Porzellanschale erreicht wird.

Wird die Fettsäure einer chemischen Untersuchung unterworfen, muß die Säure vollkommen ausgewaschen werden, was durch wiederholtes Abhebern des sauren Wassers und erneutes Waschen mit frischem Wasser geschieht, oder aber wir lassen die Fettsäure erstarren und kochen sie mit reinem Wasser des öfteren auf, wobei eine geringe Menge löslicher Fettsäure in Verlust geht. Wollen wir nur den Titer bestimmen, lassen wir die geschmolzene Fettsäure einige Zeit stehen und gießen sie dann ab. In derart abgeschiedener Fettsäure sind stets einige Prozente neutrales Fett enthalten, da sich bei der Ansäuerung ein kleiner Teil der Fettsäure mit dem anwesenden Glyzerin esterifiziert. Ganz reine Fettsäure können wir nur dann erhalten, wenn wir die Fettsäure wieder verseifen und die Seife zersetzen.

Zur Feststellung des Titers füllt man die Fettsäure in eine Titereprouvette, deren Durchmesser 35 mm und deren Länge 55—60 mm ist. In die geschmolzene Fettsäure stellen wir ein auf 0,2% eingeteiltes Thermometer in der Weise, daß seine Kugel in die Mitte der Flüssigkeitsschichte gelange, und rühren die Fettsäure ständig um, wobei die Temperatur infolge Abkühlung ständig sinkt; nach einer Zeit jedoch erreichen wir einen Zustand, wo das Thermometer konstant bleibt. In diesem Zeitpunkt stellen wir das Rühren ein, stellen die Thermometerkugel genau in die Mitte und beobachten die Temperatur, die infolge der freiwerdenden Erstarrungswärme zu steigen beginnt, dann auf einige Minuten, während welcher sich die freiwerdende und die durch Strahlung usw. in Verlust gehende Wärme ausgleichen, konstant bleibt, um hernach wieder zu sinken. Diese höchste Temperatur ist der Titer (s. in Abb. 15 „T“). Zu demselben Resultat gelangen wir, wenn wir das geschmolzene Fett in eine Medizinalflasche von $3^1/_2$ cm Durchmesser füllen, das Thermometer mit Kork im Flaschenhals befestigen und so lange schütteln, bis das Thermometer nicht mehr sinkt.

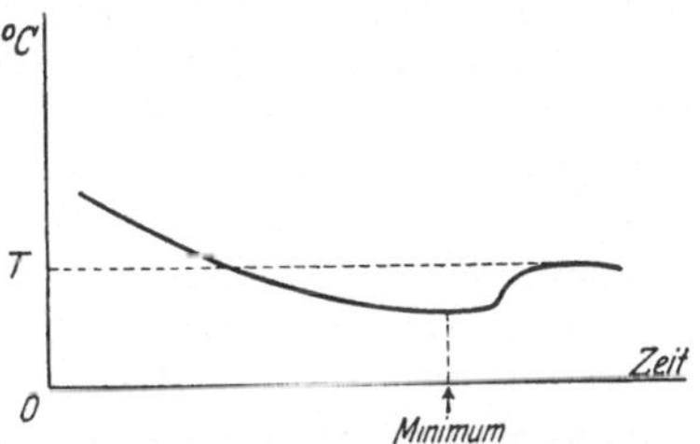

Abb. 15. Temperaturkurve der Fettsäure in der Nähe des Erstarrungspunktes.

Bei flüssigen Fettsäuren, z. B. bei Textil-Elain, stellt man die Titereprouvette in ein Wasser, dessen Temperatur etwas niedriger ist als der zu erwartende Titer. Diese Methode gibt infolge der Abkühlung des Wassers bzw. des hierdurch hervorgerufenen Wärmeverlustes etwas zu niedrige Daten; ganz zuverlässige Daten erhält man bei Benutzung doppelwandiger Titereprouvetten.

Die Bestimmung des Schmelzpunktes geschieht gewöhnlich in Kapillaren; zwischen Beginn des Schmelzens und zwischen dem vollständigen Schmelzen ist manchmal eine Differenz von einigen Graden. Dasselbe gilt auch für den Erstarrungspunkt.

III. Die Ölfabrikation.

1. Technologischer Teil.

Aus vegetabilischen Substanzen (Samen, Früchte usw.) wird das Öl gewerblich in zweifacher Weise erzeugt: durch Pressen oder durch Extraktion; häufig wird das ausgepreßte Material auch noch extrahiert. Das Pressen ist das ältere Verfahren, und dort, wo Öl ohne nachheriges Raffinieren erzeugt wird, ist es eigentlich auch heute noch empfehlenswerter. Kann aber aus dem Öl (z. B. aus Rapsöl) nur durch nachheriges Raffinieren Speiseöl erzeugt werden, so hat die Extraktion große Vorteile. In der Qualität von Ölen, die technischen Zwecken dienen, übt es keinen Unterschied aus, ob die Öle gepreßt oder extrahiert sind, vorausgesetzt, daß ein moderner Extraktor benutzt wurde.

a) Das Pressen des Öles. Die in die Fabrik gelangenden Ölfrüchte sind zumeist frisch und enthalten viel Feuchtigkeit. Die Frucht, die ölhaltigen Samen, leben und atmen, und zwar um so lebhafter, je größer ihr Wassergehalt und je höher die Umgebungstemperatur ist. Das Atmen ist mit Stoffverlust verbunden und kann durch Trocknen und durch Sauerstoffentziehung vermindert oder ganz eingestellt werden, was durch zweckentsprechende Lagerung erreicht wird. Die Ölsamen werden häufig auch künstlich getrocknet, stets muß aber ihr Wassergehalt und dessen Abnahme beobachtet werden.

Die Ölsamen müssen vor dem Pressen zerkleinert werden. Würden ganze Samen gepreßt oder extrahiert werden, so würde man durch Druck sehr wenig, durch Extraktion gar kein Öl erhalten. Das Öl ist nämlich in geschlossenen Zellen gelagert, die Zellen müssen daher aufgeschlossen werden, damit das Öl aus den Zellen heraustreten kann. Die Zerkleinerung wird je nach Art des Samens in glatten oder in geriffelten Walzen ausgeführt, zuweilen werden gleichzeitig beide benutzt. Auch durch diese mechanische Einrichtung kann nicht jede Zelle geöffnet werden, da dies aber zur Ölgewinnung unerläßlich ist, so wird das Samenschrot auch noch gedämpft. Infolge der mit der Erhitzung verbundenen Durchfeuchtung schwillt das Protoplasma an und zersprengt einen Teil der geschlossenen Zellwände, gleichzeitig gerinnt das Eiweiß, was das Ausfließen des Öles befördert. Das so vorbereitete Samenmehl wird in kleinen, durch Preßplatten abgesonderten Schichten, evtl. zwischen Pressetüchern, einem starken Druck ausgesetzt. Das Öl fließt in Behälter, der ausgepreßte Rückstand gibt den Ölkuchen, der noch 5—10, evtl. noch mehr Prozente Öl enthält.

b) Die Ölgewinnung mit Extraktion. Die zu extrahierenden Samen usw. werden nicht in Schrotform gebracht, da das Schrot durch das Lösungsmittel zu einer teigigen Masse werden würde, welche das Durchdringen des Lösungsmittels sehr erschweren möchte. Zur Extraktion wird das Material zwischen zwei mit gleicher Umfangsgeschwindigkeit laufenden Walzen gequetscht, wodurch die äußere, harte Schale des Samens aufplatzt, ebenso auch ein Teil der inneren Zellwände; durch die dünnen Wände der offenen Zellen dringt aber das Öl in das Lösungsmittel durch Diffusion sehr vollständig ein. Beim Extraktionsbetrieb wird das Trocknen oder Dämpfen des zerkleinerten Rohmaterials nur sehr selten angewendet.

Zur Extraktion pflanzlicher oder tierischer Stoffe verwendet man gewöhnlich Benzin, manchmal Benzol, Schwefelkohlenstoff usw. Die verschiedenen Lösungsmittel bringen je nach ihrer Art außer dem Öl auch noch andere Substanzen in Lösung. Zur Extrahierung von Speiseölen ist es am besten ein Benzin zu benutzen, das womöglich keine unter 75° siedende Fraktionen enthält, da diese einen großen Benzinverlust verursachen, das aber auch keine über 110° siedende Fraktionen aufweist, da zu ihrer Vertreibung das Öl zu stark erhitzt werden müßte. Die Extraktionsapparate zur Extrahierung von Pflanzenöl befolgen entweder das Prinzip des Soxhletschen Apparates oder jenes der Diffusorbatterien. Letzteres System ist in vieler Hinsicht vollkommener, die Einrichtung aber viel komplizierter, da ein Apparat aus vielen (4—12) Extraktoren und nicht wie im ersteren Fall aus einem Extraktor besteht, so daß es nur für große Betriebe empfehlenswert ist.

In den Diffusor-Extraktor gelangt das Benzin durch den eigenen Fall oder durch Pumpendruck in den oberen Teil des Extraktors, löst das Öl und strömt langsam nach abwärts, da das spez. Gewicht des ölhaltigen Benzins höher ist als das des reinen Benzins; letzteres ist ca. 0,72, das spez. Gewicht des Öles 0,92. Die Benzin-Öllösung tritt aus dem unteren Teil des Extraktors aus und fließt in den oberen Teil des anschließenden Extraktors hinein usw. Das Benzin leitet man dem Gegenstromsystem entsprechend in der Weise, daß die frische Substanz mit dem ölreichsten Benzin, die schon öfters ausgelaugte Substanz mit dem frischen Benzin in

Berührung kommt. Das ölhaltige Benzin gelangt durch ein Filter in den sog. Miszellenbehälter, von dort zeitweilig in den Destillator, wo das Benzin durch Erhitzen mit geschlossener Dampfschlange größtenteils abdestilliert wird; hat sich im Destillator genügend Öl angesammelt, evakuiert man ihn und vertreibt mit schwach überhitztem Dampf die letzten Benzinspuren. Inzwischen kondensiert sich das Gemenge von Benzin- und Wasserdampf in einem Kondensator; Florentiner Flaschen trennen Benzin und Wasser voneinander, das Benzin tritt zu neuerem Gebrauch in den Benzinbehälter.

Nach vollständiger Extraktion der Substanz lassen wir das Benzin ab und leiten es entweder durch die Pumpe in den nächsten Extraktor oder durch das Filter in den Miszellenbehälter. Die im Extraktor verbliebene Substanz wird durch Verdampfen einer geringen darin verbliebenen Menge Benzin gut vorgewärmt, hernach wird das Benzin mit schwach überhitztem Dampf ganz vertrieben. Die zumeist aus Wasserdampf bestehenden Dämpfe gehen durch einen zweiten Kühler, wobei eine zweite Florentiner Flasche die Trennung von Wasser und Benzin besorgt. Nach der beschriebenen Arbeitsordnung enthält das Material ca. 12—15% Feuchtigkeit, 2—3% mehr, als es ohne Gefahr des Verderbens enthalten könnte (12—13%), weshalb man nach dem Dämpfen auch den Extraktor evakuiert oder warme Luft hindurchbläst, man kann auch den Rückstand aus dem Extraktor feucht herausnehmen und nachträglich schwach trocknen, was jedoch nicht immer notwendig ist.

Ein derartiger moderner Extraktor ist schematisch in Abb. 16 dargestellt. Aus dem unterirdischen Behälter *12* drückt Pumpe *14* das Benzin durch den Dreiwegehahn *21* und Rohrleitung *13* in einen der Extraktoren. Durch entsprechende Einstellung der mit Kreisen bezeichneten Hähne kann das frische Benzin in jeden beliebigen Extraktor fließen, und ein (zum Füllen oder Entleeren bestimmter) Extraktor kann auch ausgeschaltet werden. Das frische Benzin kommt, wie schon erwähnt, stets auf die am meisten ausgelaugte Substanz, während zur frischen Substanz das Benzin nach Passieren aller übrigen Extraktoren gelangt. Das ölhaltige Benzin geht durch Miszellenleitung *7* und Miszellenfilter *8* hindurch, um etwa mitgerissene feste Teile zurückzulassen, wovon man sich durch Beobachtungsglas *9* überzeugen kann. Hernach gelangt das ölhaltige Benzin in Destillator *11*, evtl. übergangsweise in Miszellenbehälter *10*. Ist ein Extraktor schon erschöpft, d. h. enthält die darin befindliche Substanz schon kein Öl mehr, wird Hahn *10* und *11* geschlossen und das Benzin durch Pumpe *14* aus dem Extraktor durch Leitung *7*, Filter *8* und Beobachtungsglas *9* nach Einstellen des Dreiwegehahns *21* durch diesen Hahn in der Leitung *13* in den anschließenden Extraktor befördert. Ist der größte Teil des Benzins abgeflossen, schließt man den Ablaßhahn, saugt das Benzin nach Umstellen des Dreiwegehahns *21* wieder aus Behälter *12*, den betreffenden Extraktor schaltet man aus, läßt das Benzin mit geschlossener Dampfschlange verdampfen, wodurch die extrahierte Substanz gut durchgewärmt wird, läßt hernach in die geöffnete Schlange Dampf einströmen, damit er die letzten Reste des Benzins nach Kondensator *16* befördere. Das wasserhaltige Benzin

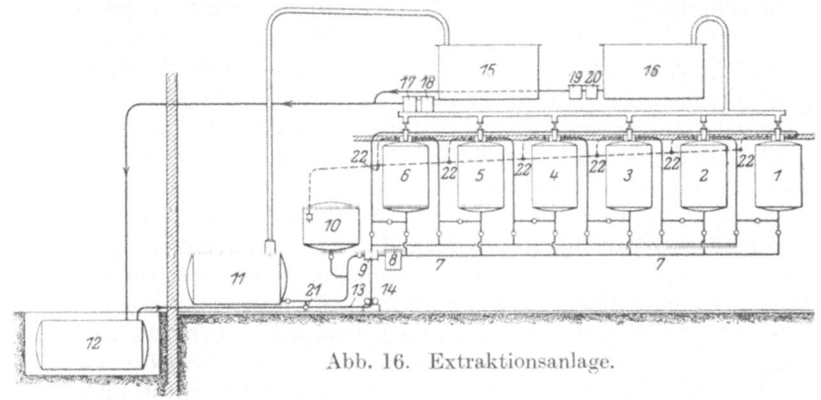

Abb. 16. Extraktionsanlage.

wird im Destillator *11* mit geschlossener Dampfschlange erhitzt, wodurch der Benzindampf in Kondensator *15* gelangt, von wo er verflüssigt durch Separatoren *17* und *18* in das unterirdische Bassin *12* zurückgelangt; in dasselbe Bassin gelangt das Benzin aus Kondensator *16* durch die Separatoren *19* und *20*. Die Separatoren *19* und *20* dienen zur Trennung des Benzins vom Wasser.

Das durch Extraktion sorgfältig erzeugte Öl unterscheidet sich vom gepreßten Öl nicht und kann auch analytisch nicht unterschieden werden. Auf welche Weise auch das Öl hergestellt wurde, kann es nicht zu jedem Zweck verwendet werden, sondern muß häufig raffiniert werden.

c) **Das Raffinieren** des Öles kann je nach der Qualität des Öles in verschiedener Weise vor sich gehen, aber auch ein und dasselbe Öl kann in abweichender Weise raffiniert werden. Das Öl bringt aus den Pflanzensamen Feuchtigkeit, dann Eiweiß und andere schleimige Stoffe mit sich, die sich nach langwieriger Klärung am Boden des Bottichs absetzen. Diese Klärung läßt sich bedeutend rascher gestalten durch Aufschlämmen von Substanzen mit großer Oberfläche im Öl und Abfiltrieren desselben, dann durch Erwärmen, durch Einwirkung von chemischen Mitteln, wie Laugen, Säuren, wodurch auch die im Öl vorhandenen Farbstoffe zersetzt werden, so daß das Öl nach Klärung und Filtrierung bedeutend heller wird. Beim Raffinieren mit Lauge neutralisiert sich das Öl, bei Benutzung von Säuren ändert es sich entweder nicht, oder aber der Gehalt nimmt an freien Fettsäuren etwas zu, er kann aber auch ein wenig abnehmen. Bei Herstellung von Brennöl wendet man in der Regel die saure Raffinierung an (Rapsöl), damit das Öl ganz aschefrei sein soll, da die Asche den Docht verstopfen würde.

Sowohl das saure wie das alkalische Raffinieren ergibt ölhaltige Rückstände. Ersteres nimmt man gewöhnlich mit konz. oder hochgradiger Schwefelsäure vor, wobei man das sog. Sauertrub erhält. Es ist dies eine trübe, grauliche oder schwarzbraune Substanz, die unverändertes Neutralfett, Fettsäure, sulfuriertes Öl und Fettsäuren enthält, dann noch freie Schwefelsäure, zersetzte Farbstoffe usw. Dieses Produkt wird unter anderem in der Spiritusfabrikation zur Vermeidung des Schäumens in den Gährbottichen benutzt. Der alkalische Raffinierungsrückstand enthält außer den Seifen und den den Fettsäuren ähnlich zusammengesetzten Farbstoffen noch bedeutende Mengen, oft 50—60%, Neutralfett.

Speiseöl kann heute schon fast aus jedem, wie immer verdorbenem Öl erzeugt werden, indem man es vorerst mit Säure oder unmittelbar mit Lauge bzw. in anderer Weise raffiniert. Häufig besteht das Raffinieren nur aus Neutralisation, wobei die freien Fettsäuren mit der entsprechenden Menge Natronlauge gebunden werden, um sie dann von der Seife unmittelbar oder nach Umwandlung letzterer mit konz. Magnesiumsulfatlösung in die noch schwerer lösliche Magnesiaseife abzufiltrieren. Das derart vorbereitete Öl ist der Farbe und der Neutralität nach schon entsprechend, muß aber wegen seines Geschmacks und Geruchs noch desodorisiert werden, ansonsten es unbrauchbar ist.

d) Desodorisierung. Den Geruch des Öles verursachen naturgemäß flüchtige Substanzen, den Geschmack außer den letzteren noch lösliche Substanzen, in der Regel flüchtige Fettsäuren, die in Wasser teils löslich, teils unlöslich sind. Werden daher die flüchtigen Fettsäuren entfernt, so ist das Öl fast immer geschmack- und geruchlos. Dieses Desodorisierung genannte Verfahren basiert auf der Verflüchtigung, Abdestillierung der flüchtigen Substanzen. Da die verflüchtigte Substanz zum Dampfdruck in geradem, mit dem die Flüssigkeit belastenden äußeren Druck nahezu im verkehrten Verhältnisse steht, erhitzt man das Öl auf eine höhere

Temperatur, evakuiert den darüberstehenden Raum und erhöht dieses Vakuum noch durch Einblasen von indifferentem Gas oder überhitztem Dampf, d. h. also durch Hervorrufen eines partiellen Vakuums. Hat man durch das Dämpfen nach einer gewissen Zeit alle flüchtigen Substanzen entfernt, und ließ man das Öl im Vakuum oder in indifferentem Gas abkühlen, erhält man ein vollkommen geschmack- und geruchloses Öl. Wurde das Öl vorher neutralisiert, und verblieb darin etwas Seife, so wirkt der Desodorator eigentlich als Autoklav, und der Säuregehalt des Öles wächst rapid. Ist es hingegen frei von Seife, wächst der Säuregehalt nur sehr wenig. Demzufolge wird das Öl häufig erst nach der Desodorisierung neutralisiert, manchmal vor und nach letzterer.

2. Untersuchung der Hilfsmaterialien.

Außer den bei jeder Fabrikation gebräuchlichen Betriebsmitteln (Kohle, Wasser, Schmiermittel usw.) hat die Ölfabrikation noch spezielle Hilfsmittel, wie Schwefelsäure, Soda, Ätznatron, Kalk, Benzin, Entfärbungsmittel usw.

Schwefelsäure. Zur Ölfabrikation benutzt man 66gradige (92—94proz.) Schwefelsäure. Neben der aräometrischen Bestimmung des spez. Gewichtes muß man unbedingt eine Probe titrieren, da dem spez. Gewicht der konz. Schwefelsäure mehrere Konzentrationen entsprechen. Am richtigsten ist es ca. 25 g in ein Wägegläschen abzumessen, auf 1 l zu verdünnen und von dieser Lösung 25 cm³ mit $^n/_2$-Lauge zu titrieren. Erfahrungsgemäß ist der fast stets vorhandene Arsen- und Bleigehalt der Schwefelsäure selbst bei Herstellung von Speiseölen nicht bedenklich.

Soda. In vielen Betrieben werden die freien Säuren des Öles mit Soda neutralisiert, wobei die freiwerdende Kohlensäure auch die Seife emporhebt. Die Soda nimmt an der Luft Wasser und Kohlensäure zu sich, und ein beträchtlicher Teil kann sich in Bikarbonat umwandeln, der jedoch bei der Neutralisation nicht stört.

Zur Bestimmung seines Titers wird 1 g der sehr gut durchmischten Soda in 50 cm³ Wasser gelöst und bei Benutzung von Methylorange als Indikator mit $^n/_2$-Salzsäure titriert. Ätznatron wird ebenfalls zur Neutralisierung und zum Raffinieren des Öles benutzt. Man wiegt eine richtige Durchschnittsprobe von ca. 40 g auf der Apothekerwage rasch ab, löst sie im ausgekochten dest. Wasser unter Erwärmen, wäscht sie in einen Meßkolben von 1 l Inhalt quantitativ hinein und füllt nach Abkühlung bis zur Marke, worauf 25 cm³ mit $^n/_2$-Salzsäure (Indikator Phenolphthalein) titriert werden. Neben dem prozentigen Ätznatron wird auch der äquivalente Sodagehalt, d. h. die sog. deutschen Grade, angegeben.

Kalk wird nur mehr verhältnismäßig selten zur Neutralisierung von Ölen benutzt. Zur Bestimmung seiner Qualität wird eine Durchschnittsprobe von ca. 100 g auf der Apothekerwage abgewogen, mit nicht zuviel ausgekochtem dest. Wasser gelöscht und zu Brei verrieben. Letzteren spült man in einen 500kubikzentimetrigen Meßkolben und füllt mit ausgekochtem Wasser bis zur Marke. Nach gründlicher Schüttelung werden 100 cm^3 wieder zu 500 cm^3 verdünnt und hiervon 25 cm^3 (ca. 0,25 g) mit $^n/_2$-Salzsäure (Indikator ist Phenolphthalein) titriert.

Benzin. Gutes Extraktionsbenzin soll womöglich keine unter 75 und keine über 110° siedende Fraktionen enthalten, sein spez. Gewicht liegt bei 0,720. Das spez. Gewicht jedoch bestimmt nicht die Siedegrenzen, die für die Extraktion allein maßgebend sind. Zur Bestimmung der Siedepunkte wird eine fraktionierte Destillation ausgeführt. Es enthielt ein Extraktionsbenzin, dessen spez. Gewicht bei 20° 0,721 war, folgende Fraktionen:

Von	20— 50°	gingen ins Destillat über . . .	0 Vol.-%
„	50— 75°	„ „ „ „ . . .	10 „
„	75— 85°	„ „ „ „ . . .	20 „
„	85— 95°	„ „ „ „ . . .	24 „
„	95—105°	„ „ „ „ . . .	43 „
über	105°	„ „ „ „ . . .	3 „
		zusammen	100 Vol.-%

Beabsichtigt man die über 105° liegende Fraktion eingehender zu untersuchen, destilliert man aus einer größeren Portion Benzin die leicht flüchtigen Teile ab und unterwirft die fragliche Fraktion einer separaten fraktionierten Destillation. Eine besonders scharfe Fraktionierung erreicht man bei Benutzung des bei der Alkoholregenerierung benutzten, in Abb. 11 auf S. 19 dargestellten Rektifikators.

Das Extraktionsbenzin soll bei entsprechendem Siedepunkt wasserklar sein, soll keinen üblen Geruch haben, selbst auch dann nicht, wenn es auf der Handoberfläche verrieben wird.

Das spez. Gewicht des Benzins gibt man bei 15°, neuerlich bei 20° an, im Tausendfachen des wirklichen Wertes. Wird das spez. Gewicht bei anderer Temperatur gemessen, so wird es auf normale Temperatur umgerechnet, indem auf 1° eine Korrektion von 0,00082 in Anwendung gebracht wird. Ist die Beobachtungstemperatur unter der Normaltemperatur, wird die Korrektion abgezogen, ist sie über derselben, wird sie hinzugegeben. Z. B. es sei das beobachtete spez. Gewicht bei 15° 0,724, so beträgt es bei 20° 0,720, da $0{,}00082 \times 5 = 0{,}004$ ist, das Benzin ist daher von 720er Qualität.

Entfärbungsmittel. Zur Beurteilung der entfärbenden Wirkung muß eine Probeentfärbung vorgenommen werden, wie dies im Kapitel „Raffinierung des Öles", S. 44, niedergeschrieben ist.

3. Untersuchung der Rohmaterialien.

In erster Reihe haben Fett- und Wassergehalt der Ölsamen Interesse. Es empfiehlt sich, bei ölärmeren Substanzen (Sojabohne, Sonnenblumensamen) aus 2—3, bei ölreicheren Rohstoffen (Raps, Kopra) aus 1—2 Waggons eine sorgfältige Durchschnittsprobe zu ziehen. Diese Probe dient zur Analyse, die sofort nach Einlangen der Ware vorgenommen wird.

Fettbestimmung. Die Samen werden sorgfältig vermahlen und in dem auf S. 8 (Abb. 8) beschriebenen Extraktor 6 Stunden lang extrahiert. Als Extraktionsmittel dient unter 75° siedender Petroläther. Die Bestimmung des Fettgehaltes ist naturgemäß die häufigste Aufgabe des Ölfabriklaboratoriums. Man kann sie rasch und genau ausführen, wenn der in Abb. 8 ersichtliche kleine Extraktionsapparat benutzt wird. Die am besten in eine Schleicher-Schüllsche Papierhülse abzuwiegende Substanz beträgt ca. 5 g. Die schon benutzten Papierhülsen sind besser als die neuen, da durch ihre Poren nichts durchgeht.

Zur Extraktion bewährt sich Petroläther (Siedepunkt unter 75°) am besten, da er die geringste Menge fremder Substanzen löst und dem mit Benzin arbeitenden Extraktionsgroßbetrieb am nächsten kommt. Ein weiterer Vorteil des Petroläthers ist der, daß das vorherige Trocknen des zu extrahierenden Mehles in der Regel überflüssig ist. Ist wegen zu großer Feuchtigkeit das Trocknen der Substanz dennoch notwendig, so genügt ein 1—2stündiges Vortrocknen, nicht über 100°, damit keine Oxydation des Fettes eintrete. Bei trocknenden Ölen, wie z. B. bei Ölen aus Leinsamenmehlen, aus Lein- oder Mohnkuchen usw. genügt ein einstündiges Vortrocknen bei 80—90° im Vakuum oder bei 100—105° im indifferenten Gasstrom.

Rizinus- und Weintraubenkörner oder deren Kuchen können mit Petroläther nicht vollständig extrahiert werden, es ist in diesen Fällen wasserfreier Äthyläther zu benutzen.

Aus dem vorher abgewogenen, den Petroläther enthaltenden Kölbchen wird dieser abdestilliert, der Kolben bei 100—105° eine Stunde getrocknet und nach dem Auskühlen zurückgewogen. Die Gewichtszunahme ergibt den Rohfettgehalt der untersuchten Substanz. Durch Erwärmen des Rohfettes in 45 cm^3 Alkohol und Titrierung mit ca. $^n/_{10}$-Kalilauge kann die Säurezahl des Ätherextraktes ermittelt werden. Lösen in Ätheralkohol ist überflüssig.

Dort wo zahlreiche Fettbestimmungen ausgeführt werden, ist das einzelweise Abdestillieren des Petroläthers sehr langwierig. In solchen Fällen ist der in Abb. 17 dargestellte Apparat sehr gut

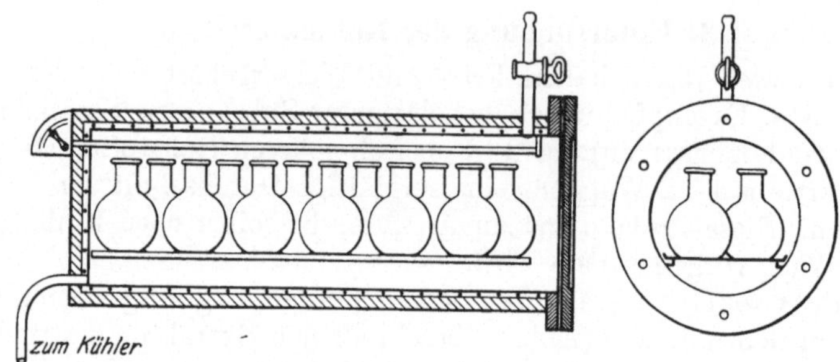

Abb. 17. Apparat zur Abdestillation des Petroläthers und zur Trocknung der Rückstände.

verwendbar, mit dem auf einmal aus 30 Kölbchen das Extraktionsmittel abdestilliert und die Rückstände getrocknet werden können. Der Apparat ist auf elektrische Heizung eingerichtet und mit einem einstellbaren Heraeusschen automatischen Thermoregulator versehen.

Wasserbestimmung. Bei nichttrocknenden Ölen wird der Wassergehalt durch sechsstündiges Trocknen bei 105° bestimmt. Bei trocknenden und halbtrocknenden Ölen kann diese Methode nicht angewendet werden. In größeren Fabrikslaboratorien benutzt man oben schließbare Luftbäder, auf deren Boden ein langsamer Kohlensäure- oder Stickstoffstrom geleitet wird, so daß mit Ausschluß der Luft gearbeitet wird. Infolge geringeren Verbrauches von indifferentem Gas sind die in Abb. 18 ersichtlichen Wägegläschen billiger. Denselben Vorzug haben die in jedem Lufttrockenschrank leicht anwendbaren Kupfer- oder Glasrohreinsätze, in welche die zu trocknende Substanz in Porzellanschiffchen hineingebracht wird, und welche indifferentes Gas durchströmt (Abb. 19). Auch die Vakuumtrockenschränke sind geeignet zum Trocknen von trocknenden Ölen bzw. von solche Öle enthaltenden Samen.

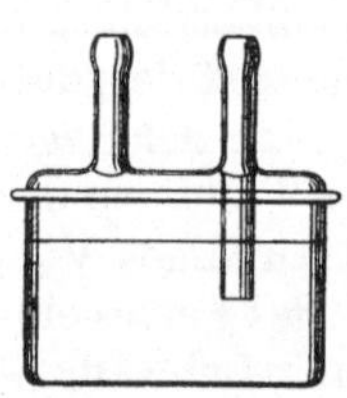

Abb. 18. Wägegläschen zur Trocknung im indifferenten Gasstrom.

In vielen Fällen ist die Anwendung des Marcussonschen Xylol-Destillationsverfahrens bequemer. Nach diesem wird die grob geschrotete Substanz mit einer zwischen 140—200° siedenden Flüssigkeit (Xylol, Petroleumfraktion) destilliert und im Destillat das

Volumen des Wassers gemessen. Zur Ausführung der Bestimmung werden in einem runden Kolben (Abb. 20) so viel der zu untersuchenden Substanz abgewogen, daß der Wassergehalt 10 g nicht übersteigt. Dann gibt man in den Kolben 120 cm³ Xylol (oder Petroleumfraktion) und destilliert hiervon 100 cm³ ab, mit welchen auch das Wasser vollständig übergeht. Die sich an den Kühler oder an die Wände des Sammelgefäßes festsetzenden Tropfen machen wir mit einem Glasstab frei. Nach mehrstündigem Stehen wird das Destillat klar, und das Volumen des Wassers kann am eingeteilten Teil des Sammelgefäßes abgelesen werden.

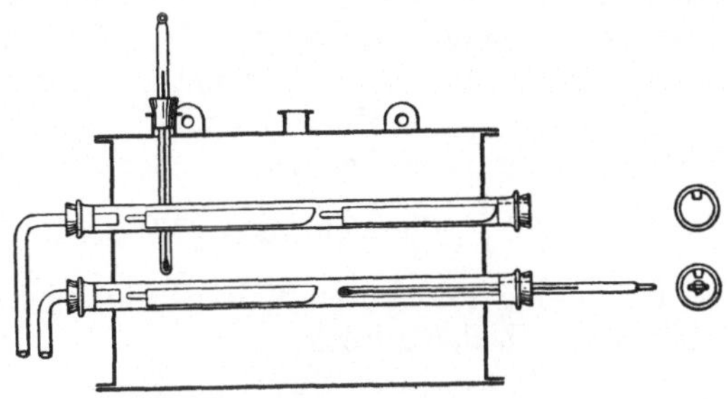

Abb. 19. Trockenröhre zur Trocknung in indifferenten Gasen.

Das soeben beschriebene Verfahren hat den Vorteil, daß die Bestimmung des Wassers auch bei Gegenwart von anderen flüchtigen Substanzen möglich ist, während z. B. bei einem mit Benzin extrahierten Samenmehl der Gewichtsverlust die Summe von Wasser und Benzin ergibt, während beim Xylol-Destillationsverfahren nur der Wassergehalt bestimmt wird; die Differenz der beiden Bestimmungen ergibt die Menge des Benzins. Statt Xylol kann auch das unter 100° siedende Benzol angewendet werden.

Der Wassergehalt der pflanzlichen Samen wird während ihrer Lagerung des öfteren bestimmt.

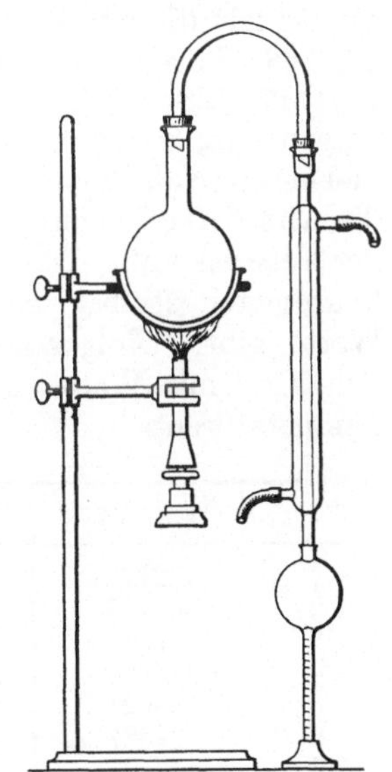

Abb. 20. Wasserbestimmungsapparat nach der Destillationsmethode.

4. Betriebskontrolle der Ölpressung.

Zerkleinerung der Samen. Da die Zerkleinerung der Samen die Ölausbeute wesentlich beeinflußt, muß zeitweilig der Zerkleinerungsgrad kontrolliert werden. Der mikroskopische Befund gibt hier nur qualitative Resultate, genauer kann der Zerkleinerungsgrad der zerkleinerten Samen durch Bestimmung des Fettgehaltes festgestellt werden. Es sei der Fettgehalt einer guten Durchschnittsprobe nach 6stündiger Extraktion im Mittelwert zweier gut übereinstimmenden Analysen a %. Eine zweite Durchschnittsprobe wird nacheinander 3—4 mal gut zermahlen und hernach der Fettgehalt, b %, bestimmt; letzterer Wert gibt den wirklichen Fettgehalt der Ware an. Die im Betrieb aufgeschlossenen Zellen sind dann $100 \frac{a}{b}$, die nichtaufgeschlossenen $100 \left(1 - \frac{a}{b}\right)$ %. Auch bei Benutzung sehr guter Walzenstühle bleiben 3—5% nicht aufgeschlossene Zellen zurück.

F e u c h t i g k e i t d e r S a m e n. Werden die Samen in gewöhnlichen ebenen Pflanzenspeichern, Bodenspeichern gelagert, so kann man sich über die Feuchtigkeit auch durch den absoluten und relativen Feuchtigkeitsgehalt der Speicherluft gut orientieren. Den relativen Feuchtigkeitsgehalt der Luft lesen wir mit dem Haarhygrometer ab bei gleichzeitiger Temperaturbestimmung. Ist z. B. im Samenspeicher die relative Feuchtigkeit der Luft 65% bei 20°, so erfährt man, daß von der Feuchtigkeitsmenge, die die mit Feuchtigkeit gesättigte Luft bei 20° enthalten kann, nur 65% zugegen sind. Da bei 20° die mit Wasserdampf gesättigte Luft pro Kubikmeter 17,1768 g Feuchtigkeit enthält, so sind im Speicher im Kubikmeter Luft $17{,}1768 \cdot 0{,}65 = 11{,}1649$ g Feuchtigkeit zugegen. Sind die Samen naß, so ist die a b s o l u t e Feuchtigkeit der äußeren Luft viel geringer als die des Speichers; ist der Samen lufttrocken, so ist die a b s o l u t e Feuchtigkeit des Speichers gleich der Feuchtigkeit der äußeren Luft. Die Daten sind nur annähernde, da der Haarhygrometer (selbst bei häufiger Korrektion) keine genauen Werte gibt. Folgende Tabelle zeigt den Feuchtigkeitsgehalt von 1 m^3 mit Wasserdampf gesättigter Luft bei verschiedenen Temperaturen:

T°	g Wasser im m^3	T°	g Wasser im m^3	T°	g Wasser im m^3
+ 1	5,2175	11	9,9782	21	18,2048
2	5,5798	12	10,6181	22	19,6490
3	5,9631	13	11,2950	23	20,4215
4	6,3696	14	12,0074	24	21,6148
5	6,8021	15	12,7601	25	22,8700
6	7,2587	16	13,5549	26	24,1846
7	7,7431	17	14,3578	27	25,5666
8	8,2567	18	15,6723	28	27,0150
9	8,7988	19	16,2008	29	28,5378
10	9,3717	20	17,1768	30	30,1293

Entschälen der Samen. Manche Samen müssen entschält werden, was natürlich nicht mit theoretischem Wirkungsgrad vor sich geht, sondern der entschälte Kern enthält noch Schalenteile, die entfernte Schale noch Kernteile. Ein gewisser Prozentsatz von Schalenteilen befördert zuweilen das Auspressen des Öls. Der Gehalt der Schalen an Kernteilen kann am einfachsten nach ihrem Ölgehalte beurteilt werden, den man durch Vermahlen einer größeren Quantität Schalen, sorgfältiges Vermischen und Extrahieren einer kleineren Probe bestimmt. Falls der Ölgehalt des Kerns bekannt ist, kann er annähernd auf Kernteile umgerechnet werden, wobei jedoch der geringe Ölgehalt der Schalen unberücksichtigt bleibt.

Den Schalengehalt des Kerns bestimmt man am genauesten aus der Menge der Rohfaser, wobei gleichzeitig der Rohfasergehalt des mit der Hand geschälten Kerns und der der reinen Schalen nach S. 42 bestimmt werden. Diese Methode ist jedoch langwierig und zur ständigen Betriebskontrolle nicht geeignet.

Im ausgepreßten Samenmehl soll womöglich wenig Öl zurückbleiben, was das Bestreben einer jeden Fabrik ist. Die Bestimmung des Ölrückstandes ist sehr wichtig und muß sorgfältig durchgeführt werden, da der Ölgehalt auch in ein und demselben Kuchen nicht gleichmäßig verteilt ist, sondern der Kuchen enthält nach den Rändern zu mehr Öl als in der Mitte. Man entnimmt daher nach jeder Pressung aus der Mitte und dem Rande einiger Kuchen mit einem Locheisen eine kleine Probe. Während des ganzen Arbeitstages sammelt man diese Proben, die dann numeriert ins Laboratorium gelangen, wo der dem Tagesdurchschnitt entsprechende Ölgehalt bestimmt wird. Werden auf einmal mehrerlei Samen gepreßt, so werden die Durchschnittsproben gesondert gesammelt.

Bestimmung der stickstoffhaltigen Substanzen.

a) Rohprotein. 1—2 g der zu untersuchenden Substanz werden im Kjeldahlschen Kolben mit 13 cm³ rauchender und 13 cm³ konz. Schwefelsäure übergossen, bei Gegenwart von ca. 1 g Quecksilber erhitzt, bis die Lösung farblos wird. Nach Auskühlen des Kolbens wird mit Wasser verdünnt, mit 30 cm³ 50 proz. Natronlauge versetzt und nach Hinzufügen von 10 cm³ 20 proz. Natriumthiosulfatlösung und einiger Bimsteinstücke das Ammoniak abdestilliert und in $^{n}/_{2}$-Säure aufgefangen. Zweck des Natriumthiosulfates ist die Abscheidung des Quecksilbers zu bewirken. Der so gefundene Stickstoffgehalt, mit 6,25 multipliziert, ergibt den Gehalt an Rohprotein.

b) Reinprotein. Diese Bestimmung wird nach dem Verfahren von F. Barnstein in folgender Weise ausgeführt: 1—2 g des Futtermittels werden mit 50 cm^3 destilliertem Wasser aufgekocht, sodann mit 25 cm^3 einer Kupfersulfat-[1]) und hernach mit 25 cm^3 einer Ätznatronlösung versetzt[2]). Der sich absetzende Niederschlag wird nach mehrmaligem Dekantieren mit Wasser auf ein Filter gebracht, mit Wasser ausgewaschen und samt dem Filter nach Kjeldahl verbrannt.

Die Differenz zwischen Gesamtstickstoff und Reinproteinstickstoff ergibt den Stickstoffgehalt der Amidverbindungen, die in den Ölsamen und in deren Abfällen eine untergeordnete Rolle spielen, so daß zumeist die Bestimmung des Rohproteins genügt.

Bezüglich der Bestimmung der verdaulichen Stickstoffsubstanzen mit Pepsin und Salzsäure sei auf das Verfahren von K. Wedemeyer verwiesen.

Bestimmung der Rohfaser. Weender-Verfahren: 3 g entfettete Substanz werden im Becherglas (oder in einer Porzellanschale) mit 50 cm^3 verdünnter Schwefelsäure (50 g konz. H_2SO_4 im Liter) und 150 cm^3 Wasser $^1/_2$ Stunde gekocht. Nach dem Absetzen filtriert oder saugt man die reine Flüssigkeit ab und wäscht den Rückstand zweimal $^1/_2$ Stunde lang mit 200 cm^3 Wasser. Hernach kocht man den Rückstand mit 50 cm^3 Kalilauge (50 g KOH im Liter) und dann wieder zweimal mit Wasser, immer $^1/_2$ Stunde. Man bringt jetzt den ungelöst gebliebenen Teil der Substanz auf einen gewogenen Filter, wäscht mit warmem Wasser, mit Alkohol und Äther, trocknet mindestens 6 Stunden im Lufttrockenschrank bei 100° und wiegt. Von dem erhaltenen Gewicht zieht man das Gewicht des Filters und den durch Veraschen bestimmten Aschegehalt ab, die Differenz ergibt den Gehalt an Rohfaser.

5. Betriebskontrolle der Ölextraktion.

Die Betriebskontrolle der mit Extraktion arbeitenden Ölfabrik ist im ganzen identisch mit der Kontrolle der mit Pressen arbeitenden Fabrik. Große Wichtigkeit hat hier jedoch der Feuchtigkeitsgehalt des extrahierten Samenmehls, da ein 12% übersteigender Wassergehalt zum Verderben der Ware führt; wird hingegen zuviel Feuchtigkeit entfernt, nimmt das Gewicht des Mehls übermäßig ab.

Bei den nach dem Diffuseursystem arbeitenden Extraktoren muß die Strömungsgeschwindigkeit des Benzins im Apparat bekannt

---

[1]) 60 g kristall. Kupfersulfat in Wasser gelöst und auf 1 l aufgefüllt.
[2]) 12,5 g Ätznatron in Wasser gelöst und auf 1 l aufgefüllt.

sein. Hierunter wird die Zahl verstanden, die angibt, mit wieviel Liter Benzin in der Sekunde der Extraktor gespeist wird; die Geschwindigkeit des ausströmenden Benzins ist etwas größer, da sein Volumen, abgerechnet die Kontraktion, um das Ölvolumen zunahm. Die Strömungsgeschwindigkeit des Benzins muß derartig geregelt werden, daß der erste Extraktor in je kürzerer Zeit fettfrei sein soll, das Benzin des letzten Extraktors soll aber je fettreicher sein und während der ganzen Arbeitszeit eine Benzin-Fettlösung von womöglich gleicher Konzentration ergeben. Diesen zwei gegenteiligen Forderungen kann nur durch ein Kompromiß entsprochen werden, zu dessen Feststellung die Kenntnis der Benzinströmungsgeschwindigkeit herangezogen wird. Für jedes Betriebsmaterial, z. B. gewalzte Rapssamen, geschrotete Rapskuchen usw., bestimmt man das Gewicht (kg, q), welches in den Extraktor von bekanntem Volumen gefüllt wurde, wodurch man das wirkliche (Betriebs-) Volumgewicht der Substanz enthält. Die zu extrahierende Substanz füllt nur einen Teil von diesem Volumen aus, der andere Teil ist leerer Raum, welchen das Benzin durchströmt. Es empfiehlt sich unmittelbar nach der Benzinpumpe Flüssigkeitsmesser und Geschwindigkeitsmesser einzuschalten; ersterer summiert die Benzinvolumina, letzterer zeigt die momentane Geschwindigkeit. Der Geschwindigkeitsmesser funktioniert nur dann genau, wenn in der Benzinleitung ein Luftkessel eingeschaltet ist, welcher die Pumpenstöße aufnimmt. Die Ausführungsmethode sei an folgendem Beispiel erläutert.

Möge die Extraktorbatterie 8 Extraktoren besitzen mit einem Volumen, gerechnet bis zum Füllniveau, von je 5000 l, so ist der gesamte nützliche Raum $v = 40\,000$ l. Zur Füllung dienten $g = 24\,000$ kg Rapskuchenschrot, das Volumgewicht ist daher $s = \frac{g}{v} = \frac{24\,000}{40\,000} = 0{,}60$, pro Kubikmeter daher durchschnittlich 600 kg. Jetzt liest man die Stellung des Benzinmessers ab und pumpt so lange Benzin hindurch, bis im Übersteigrohr des letzten Extraktors das Benzin erscheint, die 8 Extraktoren also voll sind, worauf der Benzinmesser wieder abgelesen wird. Das zur Speisung benutzte Benzin gibt das Volumen des leeren Raumes der nicht extrahierten Substanz an, wenn man hiervon die mit Material nicht gefüllten Teile (hauptsächlich Halsteile und Rohrleitungen) abzieht. Der Benzinmesser gibt z. B. 16 750 l an, wovon für den leeren Raum und für Rohrleitungen die experimentell bestimmten 750 l abgezogen werden, so daß 16 000 l Benzin verbleiben. Im selben Zeitpunkt bestimmt man bei 20° das spez. Gewicht des frischen Benzins, wie auch das der aus dem Übersteigrohr austretenden Benzin-Öllösung. Das

Benzin wird jetzt gleichmäßig gepumpt und die Stellung des Messers abgelesen, wenn der aus dem ersten Extraktor austretende Benzin fettfrei ist, wenn also sein spez. Gewicht mit demjenigen des Originalbenzins identisch ist und es auf Papier keinen Fettfleck hinterläßt. Auf diese Weise erfährt man die Menge und Geschwindigkeit des Benzins, die zur Entfettung des ersten Extraktors notwendig sind. Wird der erste Extraktor ausgeschaltet, muß das spez. Gewicht der Benzin-Öllösung des letzten Extraktors wieder bestimmt werden, ebenso auch ihr Fettgehalt. Diese Operationen werden so lange wiederholt, bis der Gehalt aller Extraktoren erneuert und die ganze Batterie in gleichmäßigen Betrieb gekommen ist. Wird sodann die Geschwindigkeit des Benzins verringert, so dauert die Entfettung der einzelnen Extraktoren länger an, wir erhalten aber eine konzentriertere Fettlösung, wodurch beim Abdestillieren des Benzins an Dampf gespart wird.

Die sicherste Prüfung, ob der Extraktor entfettet ist, besteht darin, daß 200 cm^3 Benzin aus einem abgewogenen Kolben abdestilliert und durch den Rückstand warme Luft durchgetrieben werden. Eine raschere Methode ist es, das spez. Gewicht des aus dem gespeisten und aus dem ersten Extraktor entnommenen Benzins zu bestimmen; da jedes Prozent Öl das spez. Gewicht des Benzins um 0,002 erhöht und mit der empfindlichen Mohr-Westphal-Wage beim sehr dünnflüssigen Benzin 0,0002 Einheit noch genau abgelesen werden kann, so kann man $^1/_{10}\%$ Öl aus dem spez. Gewicht gut bestimmen. Das spez. Gewicht des gespeisten Benzins muß stets bestimmt werden, da bei der Benzindestillierung eine Fraktionierung vor sich geht, was hauptsächlich bei kleinem Benzinvorrat auffallend wird.

Man könnte auch den großen Unterschied in der Refraktion zwischen Öl und Benzin zur Bestimmung der Entfettung benutzen, das leicht handliche Abbésche Refraktometer ist jedoch hierzu nicht geeignet, da sich das Benzin verflüchtigt, die Handhabung des Pulfrichschen Refraktometers ist aber nicht einfach genug. Das Abbésche Refraktometer könnte leicht derart umgeändert werden, daß sein Substanzraum geschlossen wäre. Das Abbésche Eintauchrefraktometer könnte man ebenfalls zu unseren Zwecken benutzen.

6. Raffinierung des Öles.

Das Öl wird mit Schwefelsäure, Lauge, Adsorptionsmittel, Luft usw. raffiniert. Die zweckmäßigen Bedingungen werden im Laboratorium festgestellt. Man benutzt hierzu ein Becherglas, welches, mit einem guten Rührwerk versehen, auf die Heizplatte gestellt wird, so daß die Veränderungen der erhitzten Substanz ständig beobachtet werden können (s. Abb. 21). Auf der Heizplatte *a* steht das Becherglas *b* mit dem Rührwerk *c* und das Thermometer *d*. Der Rührer wird durch Elektromotor *e* angetrieben. Dieselbe Einrichtung dient zur Raffinierung von Ölen mit Schwefelsäure, Lauge, Adsorptionsmitteln (Fullererde, Entfärbungspulver usw.), zur Neutralisierung von Ölen usw.

Neutralisierung. Man bestimmt die Säurezahl des im Rührreservoir befindlichen Öles, berechnet die äquivalente Menge Soda oder Ätznatron, einen kleinen Überschuß hinzurechnend. Bei Ölen unbekannten Ursprunges oder bei abnorm hohen Säurezahlen muß die günstigste Laugenkonzentration im Laboratorium festgestellt werden, was in folgender Weise geschieht. In das Becherglas messen wir 100—200 g Öl, erhitzen es auf angemessene Temperatur, bringen das Rührwerk in Gang und lassen die Lauge in konz. Lösung (38° Bé = 33%) tropfenweise zufließen. Hierbei entsteht in der Regel eine gleichmäßige Emulsion, die sich auch dann erhält, wenn das Rühren aufhört. Jetzt lassen wir aus einer Bürette tropfenweise unter fortwährendem Rühren so viel Wasser in das Becherglas fließen, bis sich die Seife als flockiger Niederschlag abscheidet. Es wurden z. B. 200 g Sonnenblumenöl abgewogen, dessen Säurezahl 6,3 ist, so daß also zu 1 g Öl 6,3 mg = 0,0063 g KOH, d. i. $0{,}0063 \cdot \frac{5}{7} = 0{,}0045$ g NaOH notwendig sind. Von der 38° Bé starken Lauge benötigt man das Dreifache, pro Gramm Öl 0,0135 g, zu 200 g Öl 2,7 g. Durch Einwirkung der Lauge entsteht aus dem Öl eine gleichmäßige Flüssigkeit, aus welcher sich die Seife nach tropfenweisem Hinzufügen von 3,1 g Wasser abscheidet. Auf Grund dieses Laboratoriumversuches läßt sich berechnen, daß eine Lauge zu verwenden ist, die in 5,8 g (2,7 + 3,1 = 5,8) 0,9 g NaOH enthält, d. h. im Betrieb wird die notwendige Lauge in Form einer 15,5 proz. Lösung mit dem sauren Öl vermischt.

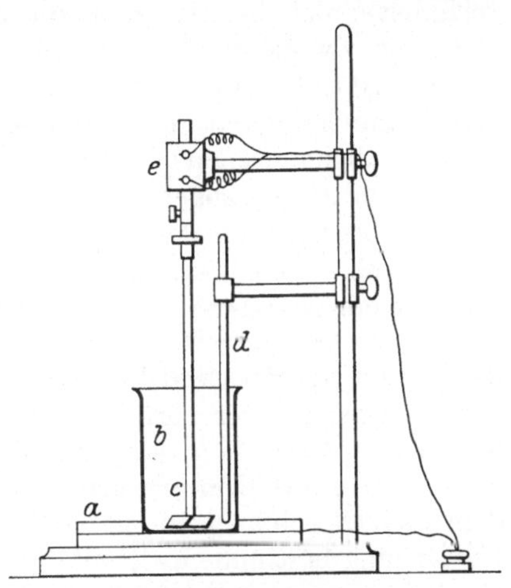

Abb. 21. Rührer für Raffinierungs- und Bleichversuche.

Entfärbung. Das Entfärben der Öle geschieht auf chemischem Wege oder durch physikalische Methoden. Die chemischen Verfahren bestehen im intensiven Verrühren mit oxydierenden oder reduzierenden Mitteln, dann auch mit Säuren oder Laugen. Die physikalischen Methoden verwerten die Oberflächenadhäsion, indem das Öl mit sehr fein verteilten Präparaten vermischt wird. Derartige Substanzen sind entweder Silikate (Fullererde, Tonsil usw.) oder kohlenhaltige pulverförmige Mittel (Blutlaugensalzrückstand, Noir Epuré, Karboraffin usw.). Das Vermischen wird in der Regel bei höheren Temperaturen ausgeführt, bei trocknenden Ölen in indifferenter Atmosphäre oder im Vakuum. Zum Laboratoriumsversuch benutzt man die auf Abb. 21 dargestellte Einrichtung. Zweck des Entfärbungsversuches ist entweder die richtigen Umstände der Entfärbung oder aber die Entfärbungskraft und Ölaufnahmefähigkeit des Entfärbungsmittels festzustellen.

Dem abgemessenen Öl wird eine gewisse Menge (a) trockenes Entfärbungsmittel hinzugefügt und zwischen 80—110° $^1/_4$—1 Stunde gerührt, bis die durch das Warmfilter filtrierte Probe die gewünschte Farbe zeigt. Wird zum Filtrieren ein abgewogenes Filterpapier (b) oder ein gewogenes, mit Asbest versehenes Glasröhrchen verwendet, so kann aus dem Gewicht des Filterpapiers + Rückstandes (c) bzw. aus der Gewichtszunahme des Glasröhrchens die Menge des im Bleichpulver zurückgehaltenen Öles (d) leicht berechnet werden, da $d = c - (a + b)$ ist. Vor dem Filtrieren läßt man das Bleichpulver absetzen und bringt es erst dann auf das Filter, nachdem das Öl schon größtenteils abfiltriert wurde. Das Maß der Entfärbung bestimmen wir kolorimetrisch. Das entfärbte Öl zeigt nämlich zumeist die Originalfarbe des Öls in abgeschwächtem Maße, einige Öle verhalten sich aber abweichend, z. B. das Kürbiskernöl hat im rohen Zustand eine braunrote Farbe, nach der Entfärbung ist es hingegen lichtgelb. Die einfachste Form des Kolorimeters sind 2 Eprouvetten gleichen Durchmessers, von denen in die eine eine dünne Schicht des rohen, in die andere vom entfärbten Öl so viel eingegossen wird, bis die Farbe der zwei Proben beim Durchblicken durch die Eprouvetten der Längsrichtung nach gleich erscheint. Die Dicke der Schichten steht zu der Intensität der Farbe im umgekehrten Verhältnis, d. h. ihr Verhältnis zeigt, wievielmal schwächer die Farbe des entfärbten Öles gegenüber der Farbe des Rohöles ist. Ein vollkommeneres Kolorimeter ist ein Apparat, dessen Röhren mit Millimeterteilung und Ablaßhahn versehen sind. Noch genauer ist ein Kolorimeter, bei welchem die eine Schichtendicke konstant, die zweite durch Zahnrad und Zahnstange verstellbar ist, oder aber es sind beide Schichtendicken verstellbar. Besitzt das

Laboratorium ein Photometer, so können mit diesem auch kolorimetrische Messungen ausgeführt werden. Zu diesem Zweck schaltet man in den Weg von zwei gleichen Lichtquellen (z. B. von Normal-Amylazetatlampe) derartige Schichten des entfärbten und des nicht entfärbten Öles, daß die Intensität der zwei Lichtquellen gleichbleibt.

Die gleiche Entfärbungseinrichtung kann angewendet werden, wenn keine Adsorptionsbleichung, sondern eine sauere oder alkalische Bleichung durchgeführt werden soll.

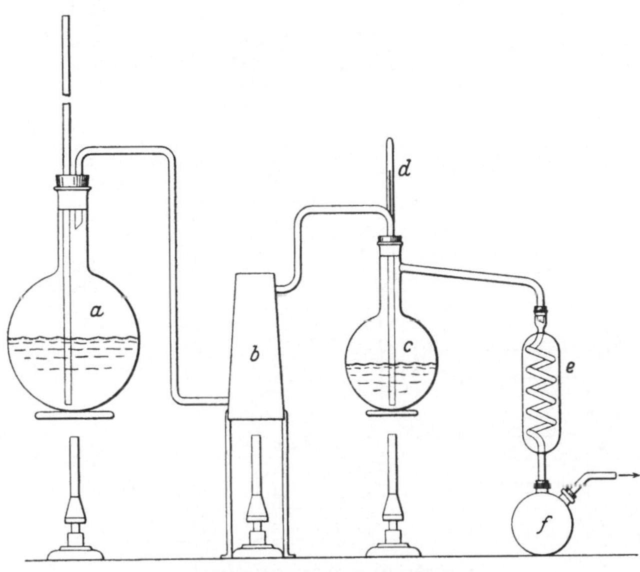

Abb. 22. Glas-Desodorator.

Bei stark sauren Ölen ist eine gute Bleichung meist unmöglich. So wird das Öl, falls es technischen Zwecken dient, annähernd, falls es sich um Speiseöl handelt, genau neutralisiert, wonach dann die Entfärbung leicht und wirksam durchgeführt werden kann.

Desodorisierung. Zur orientierenden Bestimmung von Temperatur, Dauer usw. der Desodorisierung pflegt man im Laboratorium Probedesodorisierungen auszuführen. Hierzu benutzt man in der Regel kleine Metallapparate, es kann aber auch ein Glasapparat verwendet werden, was zumeist vorteilhafter ist, da jede einzelne Phase des Verfahrens vor unseren Augen vor sich geht. So ein Glasapparat ist in Abb. 22 ersichtlich. Aus dem Dampfentwickler *a* gelangt der Dampf in den Überhitzer *b*, von dort in den Kolben *c*, der mit Thermometer *d* versehen ist; *e* ist ein Kühler, *f* eine Vorlage, welche mit der Wasserstrahlsaugpumpe in Verbindung steht.

Der zur täglichen Arbeit verwendbare Metalldesodorator ist in Abb. 23 ersichtlich.

Der Dampfüberhitzer *1* ist auf Gasheizung eingerichtet. Die Temperatur des überhitzten Dampfes zeigt Thermometer *2*. In der Desodorisierungsretorte *3* ist die Brause des überhitzten Dampfes und die Heizschlange des gesättigten Dampfes angebracht; in

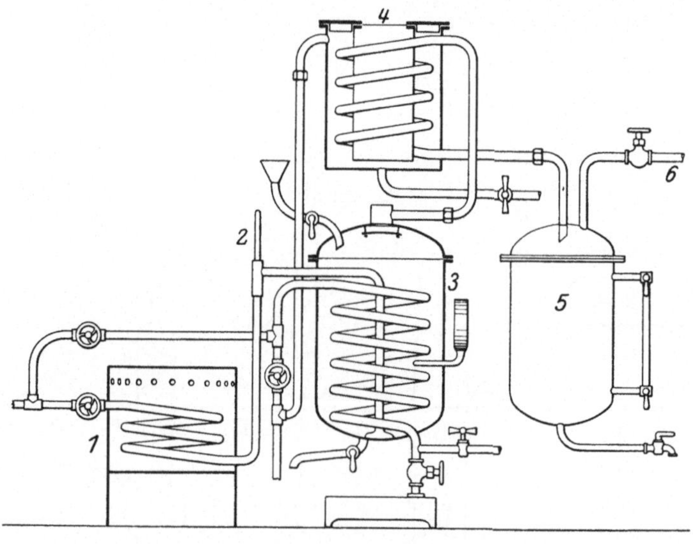

Abb. 23. Metall-Desodorator.

der Heizschlange kann durch Verstellen der Hähne auch Wasser in Zirkulation gebracht werden, damit das desodorisierte heiße Öl gekühlt werde. Die Retorte ist mit Füll- und Ablaßhähnen, mit Vakuum- und mit Thermometer versehen. Wegen Raumersparnis ist der Kondensator (*4*) über der Retorte angebracht. Die kondensierten Dämpfe sammeln sich in Vorlage *5*, die Leitung *6* führt zum Vakuum. Da Ölfabriken über Vakuumleitungen ohnehin verfügen, ist es sehr vorteilhaft, auch das Laboratorium mit Vakuum und Druckluftleitungen auszustatten. In Ermangelung einer Vakuumleitung genügt auch eine Wasserstrahlsaugpumpe, im Notfalle kann auch ohne Anwendung von Vakuum, wohl mit weniger gutem Erfolg, gearbeitet werden.

IV. Gewinnung tierischer Fette.

1. Technologischer Teil.

Unter „Fabrikation tierischer Fette“ versteht man, geradeso wie unter Ölfabrikation, nicht die Erzeugung der Fette, sondern ihre Ausscheidung aus den fetthaltigen Substanzen. Während das Pflanzenfett höchstens 60–65% des fetthaltigen Pflanzenteiles ausmacht, kann die Menge des tierischen Fettes bedeutend höher sein und bis 95% ansteigen, wie z. B. im Rohkerntalg oder im Speck, kann aber auch bedeutend geringer sein, wie z. B. im gewöhnlichen Talg, in den Knochen und in den Fabrikationsabfällen tierischen Ursprunges, z. B. der Hautleimfabrikation.

Von den tierischen Fetten werden fabriksmäßig die folgenden erzeugt: Talg zu Speisefett- und technischen Zwecken, Schweinefett, Tran, Knochenfett, Wollfett und noch einige Abfallfette tierischen Ursprungs. Ihre Fabrikation ist nach der Qualität des Rohstoffes und des herzustellenden Fettes sehr verschieden, trotzdem erschien es ratsam, sie nebeneinander zu behandeln, da die technischen Methoden häufig zur Verarbeitung verschiedener Rohstoffe geeignet sind, selbst wenn man sie noch nicht anwendet, außerdem ist ihre chemische Kontrolle häufig identisch oder ähnlich.

a) **Talgfabrikation.** Der Talg (Rindstalg), das wichtigste tierische Fett, stellt das Fett der großen Wiederkäuer dar, während das Fett der kleineren Wiederkäuer (Schaf, Ziege) unter dem gemeinsamen Namen Schaftalg zusammengefaßt wird. Der Rohtalg ist von verschiedener Qualität je nach dem Körperteil und der Kondition des Tieres. Am besten ist der Talg, der die wenigsten Fleischteile enthält, wie z. B. der Nierentalg; auch der reinste Rohtalg enthält natürlich eine geringe Menge stickstoffhaltiger Stoffe und Wasser. Der Talg wird beim Einlangen in die Fabrik vor allem sortiert, und zwar wird er zumeist in drei Sorten eingeteilt und dann von den anhaftenden Fleischteilen gereinigt. Häufig wird der gereinigte Talg durch Berieseln mit Wasser auch gewaschen. Bei wärmerer Witterung muß der auf verzinnte Eisenhaken aufgehängte Rohtalg bis zur Aufarbeitung gekühlt werden, die Verarbeitung wird aber womöglich am Tage seiner Ankunft begonnen, und zwar mit der Zerkleinerung. Geradeso wie bei den Pflanzenstoffen ist auch hier das Fett in Zellen eingeschlossen, die aufgeschlossen werden müssen, was mit Fleischhack- oder anders konstruierten Maschinen geschieht. Da der Rohtalg aus großen Stücken besteht, geht die Zerkleinerung in der Regel übergangsweise in mehreren Maschinen vor sich. Damit aus dem zerkleinerten Rohtalg der geschmolzene reine Talg erhalten werden könne, muß die Masse über den Schmelzpunkt des Talges erhitzt werden, damit das Fett aus den Zellen herausfließen könne. Da das Fett die Hauptmasse des Zellinhaltes bildet, öffnen sich auch die nicht geöffneten Zellen infolge der Erwärmung bzw. durch die hierdurch hervorgerufene Ausdehnung des Fettes und durch den Druck des aus dem Zellwasser entstehenden Dampfes.

Das Ausschmelzen des Fettes aus dem zerkleinerten Talg geschieht je nach dem bezweckten Produkt in verschiedener Weise: trocken und bei niederer Temperatur hauptsächlich beim Speisetalg bester Qualität, trocken bei höherer Temperatur bei technischem Talg besserer Qualität; naß nur bei Gegenwart von Wasser bei technischem Talg und bei Speisetalg, naß bei Gegenwart von Säuren bei technischem Talg, endlich naß bei höherem Druck im Autoklaven bei technischem Talg.

Das primitivste, in kleinen Betrieben jedoch auch heute noch gebrauchte Verfahren besteht darin, daß der Rohtalg in gußeisernen Pfannen mit direkter Heizung geschmolzen wird, die fleischigen Grieben aber in Korbpressen noch warm ausgepreßt werden, um den größten Teil des Fettes zu entfernen. Die gepreßten Grieben bilden in der Regel 3—4 cm dicke, knochenharte, runde Platten, die je nach Art der Presse und je nach Gründlichkeit der Arbeit noch 13—30% Fett enthalten können. Diese Rückstände werden zumeist extrahiert, wodurch der Fettgehalt auf $^1/_4$% zurückgehen kann, sie geben ein wertvolles, stickstoffreiches Kraftfuttermittel, können aber infolge ihres hohen Stickstoffgehaltes — 13—15% — auch als Stickstoffdünger verwertet werden.

Der größte Nachteil des Schmelzens bei direkter Feuerung ist der fürchterliche Gestank. Es ist unangenehm, daß der Talg und die Grieben anbrennen können, in welchem Fall die Farbe des Talges nicht weiß genug ist, es kann sogar sein Gehalt an Unverseifbarem von dem normalen $^1/_4$—$^1/_2$% auf 2% ansteigen. Zur Vermeidung des unerträglichen Geruches benutzt man häufig geschlossene Kessel und leitet die entstehenden Dämpfe unter den Rost. Bei besserer Einrichtung ist der geschlossene Kessel am Wasserbade montiert, das Schmelzen des Talges geschieht aber trocken. Ganz feinen Talg schmilzt man am Wasserbade (Marienbad) bei einer Schmelztemperatur von 50—60°; auf diese Weise geschieht die Erzeugung des zur Oleomargarinfabrikation dienenden Premier Jus. Natürlich bleibt in dieser Weise in den Grieben noch viel Fett zurück, welches auf andere Weise, z. B. auf nassem Wege, entfernt werden muß. Dieselben Marienbäder benutzt man auch zum Absetzenlassen, d. h. zum Klären des Fettes, wobei das lange warmbleibende Fett, zuweilen auch mit Salzwasser bespritzt, die Klärung durchmacht.

Zumeist wird das nasse Schmelzen mit Dampf angewendet; eine derartige Anlage ist in Abb. 24 dargestellt. Den Rohtalg bringt die Aufzugmaschine *a* auf die Talgvorhackmaschine *b*, die am II. Stock aufgestellt ist. Diese kann aus mit Zähnen oder Schneiden ausgestatteten Walzen bestehen oder aus einem mit Messern versehe-

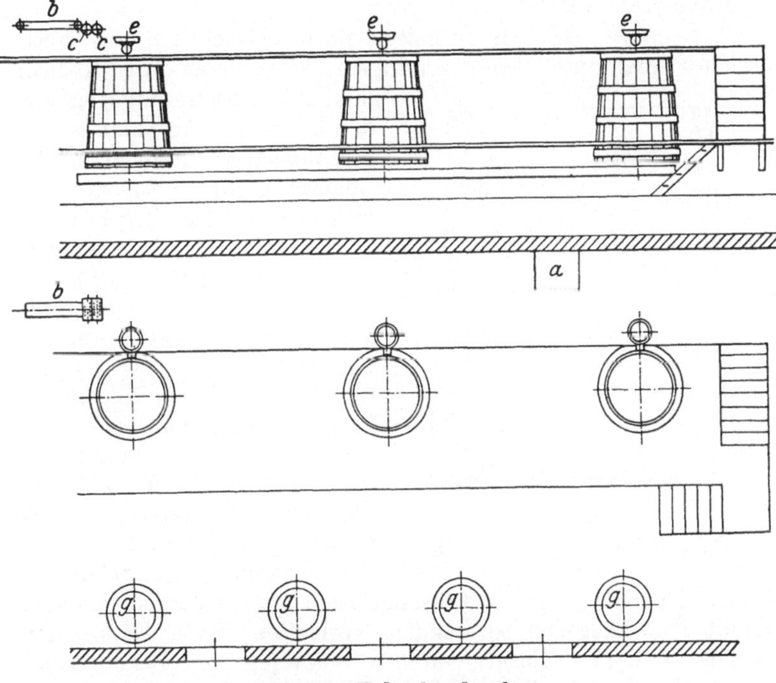

Abb. 24. Talgschmelzanlage.

nen Rad, zu welchem der Talg durch einen Speisetisch befördert wird in der Weise, wie dies bei den Häckselmaschinen geschieht. Die feine Zerkleinerung des Talges besorgen die Maschinen *e*, die den Fleischhackmaschinen ähnlich sind. Der zerkleinerte Talg fällt unmittelbar in den darunterstehenden Lärchenholzbottich, der am Boden mit offener Dampfschlange, an der Seite und am Boden mit Hähnen versehen ist, wie dies in Abb. 25 zu ersehen ist. Das geschmolzene Fett wird durch das mit dem seitlichen Hahn in Verbindung stehende Rohr abgelassen, an dessen Ende ein durchlochter Kupferkorb steht. Geht man beim Schmelzen mit der

4*

Temperatur nicht über 50—60°, erhält man ein sehr gutes Speisefett, Premier Jus, welches zur Margarinefabrikation benutzt werden kann, es muß jedoch in diesem Fall mit Rührwerk in Bewegung gehalten werden. Wird mit freiem Dampf erhitzt, steigt die Talgtemperatur bis 105°, wobei der einströmende Dampf die Substanz genügend durchmischt. Der geschmolzene Talg gelangt ins Wasserbad *g*, welches ein innen ganz glattes, eckenloses, verzinntes Eisengefäß ist, wo man das Premier Jus mit konz. Salzwasser bespritzt und absetzen läßt.

Die nassen Grieben enthalten noch beträchtlich viel Fett, welches ihnen durch Schmelzen im Autoklaven oder durch Kochen mit Schwefelsäure entzogen werden kann. Der Autoklav ist ein geschlossenes Eisengefäß, in welches Dampf einströmt und welches in der Regel unter 3 Atm. Druck arbeitet. Die feuchten, wenig Fett enthaltenden Grieben können nach ihrer Trocknung gelagert werden, dürfen aber nur als Dünger verwendet werden. Eine zweite Verarbeitung der aus den Schmelzkesseln stammenden Grieben besteht darin, daß man sie in einem mit offener Dampfschlange versehenen Bleibottich mit verdünnter Schwefelsäure kocht. Die Grieben gehen dabei natürlich ganz in Verlust, das Fett erhält man hingegen so ziemlich verlustlos. Evtl. Emulsionen zersetzt man durch Zusatz von mehr Schwefelsäure. Bei der Talgfabrikation konnte die technisch vollkommene Methode der Fettreinigung noch immer nicht Fuß fassen, die die Ölfabriken durchweg anwenden. Die Ursache hiervon ist weniger die größere Empfindlichkeit des Talges, eher der große Konservativismus der Talgschmelzer und die Scheu vor komplizierteren Einrichtungen.

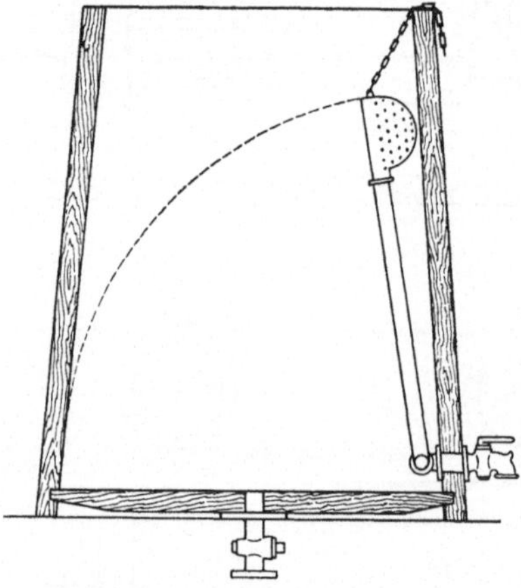

Abb. 25. Talgschmelzbottich.

b) Entfettung der Knochen. Dieser wichtige Industriezweig ist zumeist mit der Knochenleim- und Superphosphatfabrikation verbunden; wir befassen uns ausschließlich nur mit der Fetterzeugung. Die Knochen enthalten durchschnittlich 10, manchmal auch 15% Fett; hauptsächlich werden Rinderknochen aufgearbeitet. In kleinen Betrieben werden die Knochen in offenen Bottichen oder bei 3 Atm. Druck in Autoklaven ausgekocht. Aus frischen Knochen erhält man in dieser Weise ein genug helles sog. Naturknochenfett, in den Knochen jedoch bleibt der größere Teil des Fettes zurück, außerdem geht ein Teil des Leimes in Verlust. Demzufolge extrahiert man heute ausschließlich mit Benzin. Aus den Knochen werden fremde Gegenstände entfernt, die Knochen in starken Knochenbrechern in 15—20 cm lange Stücke zerbrochen und so in die Extraktoren gebracht. Der Knochenextraktor ist nicht identisch mit dem zum Extrahieren der Pflanzenstoffe gebräuchlichen Apparat, da im letzteren das Fett durch flüssiges Benzin teils auf Grund von Diffusion in Lösung gebracht wird, hingegen arbeitet ersterer mit Benzindampf. Die Knochen sind nämlich porös, mit Röhrchen durchzogen, in welche die Benzinflüssigkeit nicht eindringen kann, der Benzindampf aber verdrängt die Luft und kondensiert teilweise in den Knochen. Die Oberflächenspannung der Fettlösung ist gering, sie fließt aus den Knochen heraus. Die Extraktoren arbeiten manchmal auch mit Druck; nach vollendeter Extraktion wird aus dem Fett das Benzin abgetrieben, manchmal bei gleichzeitiger Benutzung des Vakuums.

Die Einrichtung des Knochenextraktors ist aus Abb. 26 ersichtlich. Die gröblich zerkleinerten Knochen gelangen durch Öffnung *2* in Extraktor *1*, zumeist durch ein Transportband, und zwar auf den Siebboden des Extraktors, unter welchem eine offene und eine geschlossene Heizschlange lagern. Ist der Extraktor mit Knochen gefüllt, schließt man den Deckel, läßt aus Benzinbehälter *17* durch die Hähne *22* und *23* Benzin in Extraktor *a* einfließen, gleichzeitig wird durch Öffnen der am Boden des Extraktors liegenden geschlossenen Dampfschlange bei gehörigem Einstellen der Hähne angestrebt, daß durch Hahn *23* soviel Benzin in den Apparat fließen könne, wieviel sich infolge des Heizens verflüchtigt, was durch das Niveaustandrohr leicht beurteilt werden kann. Die Benzindämpfe treiben aus den Knochen mit der Luft auch das Wasser aus, und im Anfang gelangen die mit Luft und Wasserdampf vermischten Benzindämpfe in Kondensator *8*, wo sich das Benzin und das Wasser verflüssigt und mit der Luft in Separator *11* gelangen. Von hier strömt die Luft durch Rohr *12* in Behälter *17* und aus diesem durch Kühler *18* und Rohr *19* ins Freie. Die letzten Reste des in der Luft gelösten Benzins kann man durch hochsiedendes Mineralöl, durch Adsorptionskohle oder durch Phenole entfernen. Wasser und Benzin trennen sich im Separator *11*, das Wasser fließt durch Rohr *13*, durch das Beobachtungsglas und Rohr *14* in den Sicherheitsseparator *15*, während das Benzin durch Rohr *16* in Behälter *17* gelangt. Im Falle in den Behälter *17* evtl.

Wasser fließen sollte, sammelt sich dieses im Wassersack *20*, von wo es durch Rohr *21* in den Sicherheitsseparator *15* abgelassen werden kann. Die am unteren Teil des Extraktors *1* angesammelte Benzinfettlösung kann zeitweilig durch Hahn *24* in Destillator *7* abgelassen werden, von wo das Benzin mit indirektem, am Ende mit direktem Dampf ausgetrieben wird. Das Benzin und die Wasser-

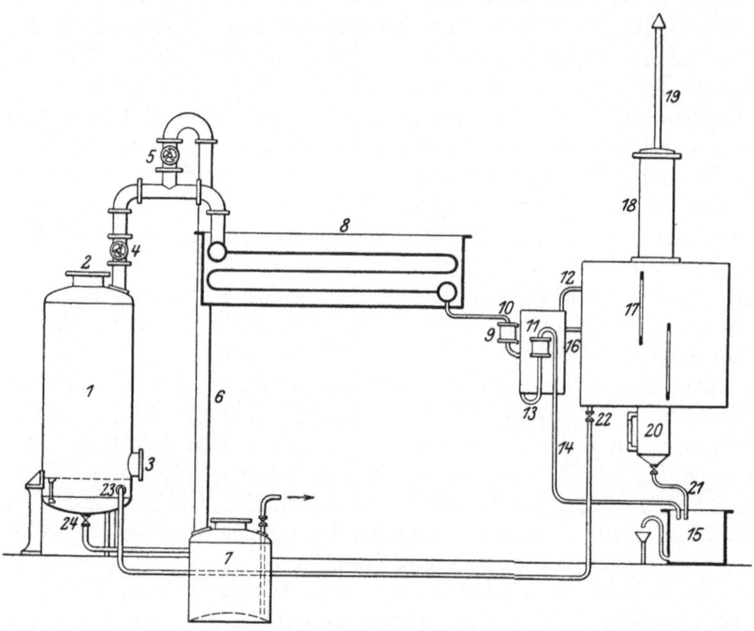

Abb. 26. Knochenextraktor.

dämpfe gelangen durch Rohr *6* und Ventil *5* ebenfalls in den Kondensator. Wenn die Knochen gehörig entfettet sind, stellt man das Nachfließen des Benzins ein, destilliert das Benzin vollständig ab und treibt es durch direkten Dampf aus den Knochen und aus dem Apparat ganz heraus. Die entfetteten Knochen enthalten ca. $^1/_2$% Fett und gelangen nach Waschen, Reinigen und Zerkleinern in den Leimdiffuseur.

c) Verarbeiten von tierischen Abfällen auf Fett. Am wichtigsten ist diesbezüglich die Erzeugung von Tranen, die aus besserem Rohmaterial in der Regel durch Ausschmelzen, aus schlechterem durch Extraktion erzeugt werden, in welchem Fall der Gebrauch rotierender Extraktoren am empfehlenswertesten ist, da das zusammenklebende Material weder durch flüssiges, noch durch dampfförmiges Benzin gleichmäßig durchdrungen werden kann. Ebensolche Extraktoren werden auch zur Entfettung von anderen Abfällen, z. B. Haut- und Lederabfällen angewendet.

2. Chemische Betriebskontrolle.

a) Talgschmelzerei. Aufgabe der chemischen Betriebskontrolle ist die Bestimmung der Säurezahl, des Wasser-, Asche- und evtl. auch des Gehaltes an Unverseifbarem und Schmutz. Die Säurezahl des trocken ausgeschmolzenen frischen Talges ist, namentlich falls er bei niederer Temperatur geschmolzen wurde, in der Regel unter 1. Beim nassen Schmelzen geht schon namentlich durch das längere Kochen bei 100° eine kleinere Spaltung vor sich, und die Säurezahl kann bis 20 anwachsen. Beim Talgschmelzen im Autoklaven bzw. bei der Griebenaufarbeitung kann ein Talg von noch höherem Säuregehalt erhalten werden, gleichzeitig leiden auch Farbe und zuweilen auch Geruch.

Da zum Kühlen der Achsenlager der Talg noch immer häufig angewendet wird, so muß er zu diesem Zwecke entsäuert werden. Der Säuregehalt eines guten Schmiertalges soll unter $^1/_2$% sein. Zum Maschinenschmieren wird das Premier Jus, obwohl seine Qualität vorzüglich und sein Säuregehalt sehr niedrig ist, nicht benutzt, da es teuer ist, auch ist zu diesem Zwecke die schneeweiße Farbe und die Geruchlosigkeit überflüssig, es entspricht vollauf der entsäuerte Talg. Zur Entsäuerung wird der Talg geschmolzen, womöglich nur etwas über den Schmelzpunkt (50°), dabei sorgen wir für sein gleichmäßiges Verrühren und bestimmen die Säurezahl; die Säurezahl × 0,002143 gibt die auf 1 kg Talg notwendige Menge Natronlauge von 38° Bé in Kilogrammen ausgedrückt an. Die Neutralisierung führt man derart aus, daß in das intensiv gerührte Fett die auf ca. 50° erhitzte Lauge fein verteilt hineingeschüttet wird. In der Duplikatorpfanne oder im Wasserbade setzt sich beim Stehenlassen die gebildete Seife zu Boden, das Fett aber kann, falls es notwendig ist, in einer anderen Pfanne mit Salzwasser geklärt oder aber durch eine Filterpresse filtriert werden. Die Säurezahl des entfetteten Talges ist wieder zu bestimmen, Bestimmung von Geschmack und Geruch ist ebenfalls Aufgabe des Chemikers und läßt sich nur durch längere Übung erlernen.

Der Titer ist beim Talg sehr wichtig, da sich in dieser Hinsicht große Abweichungen zeigen. Es scheint, daß der Titer des Talges gut genährter Tiere durchschnittlich niedriger ist als der von mageren Tieren. Er schwankt zwischen 42—49°, zumeist fällt er zwischen 43—46°.

Der Schmelzpunkt hat nur beim Speisetalg Wichtigkeit. Fett- und Rohproteingehalt der gepreßten Kuchen bestimmen wir nur dann, wenn sie zu Futterzwecken dienen.

b) Knochenentfettung. Der Fettgehalt der entfetteten Knochen wird bei jedem Extraktor ständig kontrolliert, zu welchem Zwecke die entfetteten Knochen mit dem Knochenbrecher zerkleinert und mit Petroläther extrahiert werden. Extrahiert ein Extraktor ständig schlecht, so ist in seiner Einrichtung ein Fehler, in der Regel ist die geschlossene Dampfschlange geplatzt oder das Ventil der offenen Dampfschlange verdorben. Das aus dem Destillator herauskommende Knochenfett enthält einige Prozente Wasser (evtl. Benzin), 0,1—1%, evtl. auch noch mehr Asche in Form von Kalk- und Magnesiaseifen, der Titer beträgt 37—43°, der unverseifbare Teil 0,75—1,5%, manchmal auch etwas mehr. Knochenfett sollte stets mit verdünnter Säure ausgekocht werden, wodurch durch Entfernung der Asche die Neigung zur Emulsionsbildung verschwindet; bleibt es eine Zeit ruhig stehen, kann sich auch der evtl. organische Schmutz absetzen. Da Knochenfett in der Regel auf 97proz. Basis verkauft wird, hat die chemische Analyse bei jeder einzelnen Lieferung eine sehr große Rolle, sonst könnten darin zuviel oder zuwenig Fremdstoffe sein. Manchmal erübrigt sich auch das Einstellen des Titers, was durch das Vermischen von Knochenfetten verschiedenen Titers geschieht.

Die Raffinierung (Bleichung) des Knochenfettes geschieht mit Oxydationsmitteln; da dies stets in saurem Medium vor sich geht, so ist das gebleichte Knochenfett ursprünglich wasser- und aschefrei und muß nachträglich auf die Verkaufsbasis eingestellt werden. Bei Betriebsanalysen darf die Wasserbestimmung nur dann mit der sonst sehr raschen Marcussonschen Bestimmung ausgeführt werden, wenn das Knochenfett kein Benzin enthält, da diese Methode nur das wirkliche Wasser zeigt, die anderen, in Xylol, Benzol usw. löslichen flüchtigen Bestandteile (Benzin) aber nicht angibt. Die Aschebestimmung muß durch bis zur Oxydbildung fortgesetztes Glühen durchgeführt werden, was durch Gebläse oder den elektrischen Glühofen erreicht wird. Von der richtig durchgeführten Veraschung kann man sich überzeugen, indem man auf die Asche wenig Wasser und einige Tropfen Salpetersäure schüttet, wobei die Asche nicht aufbrausen darf. Ist dies der Fall, wird die Asche auf kleiner Flamme eingetrocknet und stärker geglüht. Unmöglich ist das Glühen bis Oxyd, wenn das Fett, was manchmal vorkommt, Alkali enthält.

Der Handel der Knochenfette vollzieht sich heute noch immer auf Grund der Verseifbarkeit, die sich ergibt, wenn man das Nichtverseifbare (Wasser [+ Benzin], Asche, unverseifbare Teile, Schmutz) von 100 abzieht. Zur Bestimmung des organischen Schmutzes sei bemerkt, daß sie nicht ausgeführt werden kann, indem man das Fett in einen getrockneten, gewogenen Filter abwiegt, das Fett extrahiert und den Rückstand samt Filterpapier trocknet und wiegt, da am Filter auch ein Teil der Kalk- und Magnesiaseifen zurückbleibt. Man gibt zu diesem Zwecke in den getrockneten und gewogenen Filterpapierkonus 10—15 g Knochenfett, stellt es in den Trockenschrank, bis das Fett in das untergestellte Gläschen tropft, dann biegt man die Ränder des Filterpapiers ein, bindet sie mit einem Zwirnfaden zusammen oder heftet sie mit einer kleinen Drahtklammer zu und extrahiert mit dem Gemenge von 8 Teilen Benzol und 2 Teilen abs. Alkohol, welcher die Kalkseifen löst, trocknet und wiegt. Kontrollehalber wird das Filter verbrannt und die zurückbleibende geringe Asche, die Bestandteil des organischen Schmutzes ist, im Aschegehalt des Knochenfettes jedoch schon miteinbegriffen ist, wird vom Gewicht des Rückstandes abgezogen.

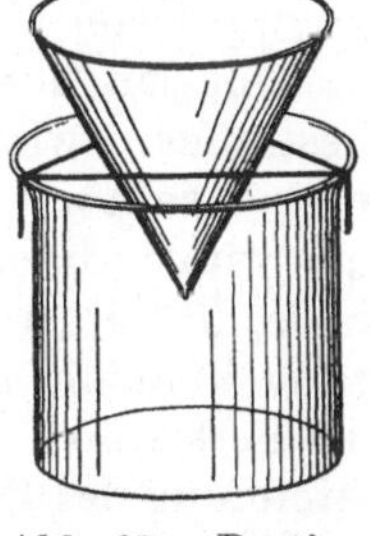

Abb. 27. Bestimmung des organischen Schmutzes.

Stadlinger[1]) empfiehlt zur Bestimmung des organischen Schmutzes die folgende Methode:

„5 g des zu prüfenden Fettes werden in einer Porzellanschale auf dem Wasserbade mit 50 cm³ 5 proz. Salzsäure etwa 1 Stunde lang auf etwa 50—60° erwärmt. Hierauf läßt man das Gemisch bei Zimmertemperatur stehen und filtriert die Flüssigkeit durch ein mit heißem Wasser benetztes, vorher bei 100° getrocknetes und tariertes Filter. Schale und Filter sind mit heißem Wasser bis zum Verschwinden der Chlorreaktion nachzuwaschen. Filter und Trichter werden nun im Wassertrockenschrank unter Verwendung eines kleinen Erlenmeyer-Kölbchens getrocknet, wobei der größte Teil des Fettes in das Kölbchen abfließt. Nach dem Erkalten löst man aus dem Filter mit Äther die letzten Reste von Fett heraus und trocknet wiederum im Wassertrockenschrank. Das erkaltete Filter wird nun gewogen. Zieht man vom erhaltenen Gewichte die Filtertara ab, so findet man den Gesamtbetrag an organischen Schmutzstoffen und säureunlöslichen Mineralstoffen. Um letztere in Abzug bringen zu können, wird verascht. Aus dem zuerst ermittelten Gesamtbetrag an Ätherunlöslichem ergibt sich nach Abzug der Asche und unter Berücksichtigung der Analyseneinwage der Prozentgehalt an organischem Schmutz."

[1]) Zeitschr. d. dtsch. Öl- u. Fettindustrie 1923, S. 593.

Gegen die Annahme der „Verseifbarkeit“ als Grundlage des Handels erhoben sich viele und gerechte Klagen. Es wäre wahrlich rationeller anzugeben, wieviel Fett und Gesamtfettsäure das fragliche Fett enthält. Nachdem das reine (wasser-, asche- und schmutzfreie) Knochenfett ca. 95,5% oder mehr Fettsäure enthält, könnten 95% verseifbare Fettsäure, bei wenigstens 5% Glyzeringehalt, die Basis der Verrechnung bilden. Zu übernehmen wäre das Knochenfett noch mit einem Gehalt von 93% Fettsäure und der Wert der letzteren Ware könnte auf Grund einer einfachen geraden Proportion berechnet werden. Der Geldwert von 1% Fettsäure bzw. Glyzerin würde nach den zeitweiligen Marktpreisen bestimmt werden. Es ist dies wohl eine gerechte Grundlage für den Kauf und Verkauf des Knochenfettes, die Abwicklung des Geschäftes ist aber komplizierter als der Handel nach Verseifbarkeit.

Um den Gesamtfettsäuregehalt von Fetten (Knochenfett) zubestimmen, wiegt man ca. 1 g Fett in einen Kolben von 100 cm^3 und verseift mit 10 g ca. $^n/_2$ alkoholischer Lauge. Dann wäscht man quantitativ in eine kleine Porzellanschale, verdampft am Wasserbade, löst in wenig warmem Wasser, wäscht die Lösung quantitativ in Schütteltrichter, säuert an und schüttelt mit Petroläther die Fettsäure aus. Im weiteren verfährt man, wie dies bei der Bestimmung des Fettsäuregehaltes von Seifen auf S. 125 beschrieben wurde.

Um den Glyzeringehalt rasch bestimmen zu können, wird er womöglich aus den Säure- und Verseifungszahlen berechnet. Ist das Fett aschefrei, so ist dies ohne weiteres möglich, enthält es aber Asche, so muß diese entfernt werden. Theoretisch ist die Glyzerinbestimmung auch so möglich, daß außer den freien Fettsäuren auch der Gehalt des gesamten Fettes an (wasser-, asche- und schmutzfreien) Fettsäuren bestimmt wird; die Differenz dieser zwei Werte ergibt eben den Glyzeringehalt. Zu erwägen ist aber, daß auf diese Differenz bei Neutralfetten nur 5%, bei Knochenfetten nur 2—3% entfallen, daß daher diese Methode sehr ungenaue Resultate geben wird. Am besten ist es, aus dem Fett das reine Fett mit dem Unverseifbaren zusammen quantitativ abzuscheiden und im Fett die Säure- und Verseifungszahl zu bestimmen, was in folgender Weise geschieht:

2—$2^1/_2$ g Knochenfett werden in eine kleinere Porzellanschale gewogen und mit 10 cm^3 verdünnter Salzsäure 15 Minuten schwach gekocht, dann quantitativ in Scheidetrichter gebracht und mit warmem Wasser und Petroläther nachgespült; die angesäuerte Lösung schüttelt man dreimal hintereinander mit je 80 cm^3 Petroläther aus, vereint die Petrolätherauszüge in einem Scheidetrichter, wäscht darin mit wenig Wasser zur Entfernung der Säuren. Der säurefreie Petrolätherauszug gelangt dann in einen ungewogenen 250-cm^3-Kolben und bleibt darin, bis er ganz klar ist. Hernach wird der größte Teil des Petroläthers aus einem gewogenen 300-cm^3-Kolben abdestilliert. Der nichtgewogene Kolben wurde schon vorhergehend mit 25 cm^3 Petroläther ausgespült und sein Inhalt während der Destillation absetzen gelassen. Hat sich der Destillierkolben schon ein wenig abgekühlt, wird der Inhalt des ungewogenen Kolbens hineingegossen und der ganze Petroläther abdestilliert. Der Rückstand wird bei 105° — womöglich im Vakuum oder im Kohlensäurestrom — eine Stunde getrocknet und gewogen. Auf diese Weise erfährt man den Gehalt des rohen Knochenfettes an reinem Knochenfett. Dem Kolbeninhalt werden dann 30 cm^3 neutraler Alkohol zugesetzt und mit alkoholischer Kalilauge die Säurezahl bestimmt. Dann versetzt man in der üblichen Weise mit überschüssiger alkoholischer Lauge und bestimmt die Verseifungszahl; der Wert der letzteren Konstante muß bei dieser Arbeitsweise um die Säurezahl erhöht werden. Aus beiden kann der Glyzeringehalt berechnet werden (S. 123).

V. Künstliche Speisefette.

1. Technologischer Teil.

Unter künstlichen Speisefetten verstehen wir Fette, die a) durch Raffinieren von zum Genuß ungeeigneten Fetten hergestellt werden, und b) deren Rohstoffe zum Genuß wohl geeignet sind, die aber durch verschiedene Zusätze oder Bearbeitung anderen natürlichen Fetten ähnlich gemacht werden; hierher gehört das unter dem Namen „Kunstspeisefett“ bekannte Fettgemenge und die Kunstbutter (Margarinbutter).

Bei Herstellung von künstlichen Speisefetten muß die größte Reinlichkeit herrschen, auch müssen alle gesetzlichen Vorschriften eingehalten werden.

a) Die Veredelung der unmittelbar zu Speisezwecken ungeeigneten Fette zu brauchbaren Speisefetten wurde schon in Kapitel III bei der Ölfabrikation behandelt, da es sich zumeist um pflanzliche Öle oder Fette handelt. Das Raffinieren besteht aus Neutralisation, Desodorisieren, evtl. auch aus Entfärben. Damit das Kokosfett auch im Sommer in Papier verpackt gehandelt werden könne, pflegt man die flüssigen Teile abzupressen, evtl. mit festeren Fetten zu vermischen.

b) Um festes Speisefett herstellen zu können, kann man die billigeren Pflanzenfette mit festen tierischen Fetten, wie Talg, Preßtalg usw. vermischen. Statt Talg benutzt man neuerdings hydrogenisierte, gehärtete Pflanzenfette. Das Gemisch wird derart verfertigt, daß der Schmelzpunkt 35—36° sein soll, also identisch ist mit demjenigen des Schweinefettes. Im Winter ist auch ein niedrigerer Schmelzpunkt gestattet. Dem Fettgemenge werden häufig auch solche Substanzen zugesetzt, die ihm ein angenehmes Aroma verleihen, z. B. wird es mit stark gerösteten Schweinegrieben, mit Brotrinde usw. geschmolzen. Derartige aus Öl und festem Fett hergestellten Gemenge werden beim Auskühlen grießig, weil die festen Fette ausfrieren. Um dies zu vermeiden, werden die Fette entweder bis zum Auskühlen gerührt oder gewalzt. In ersterem Fall wird das durchsichtige, geschmolzene Fettgemenge so lange gerührt, bis es infolge der Abkühlung milchartig, evtl. sogar dickflüssig wird, sonach seine gleichmäßige schmierbare Konsistenz auch nach der vollständigen Auskühlung beibehält. Zuweilen wird das kalt gerührte oder aber das geschmolzene Fett zwischen mit Wasser gekühlten und mit verschiedener Umfangsgeschwindigkeit laufenden Walzen bearbeitet, wodurch es noch gleichmäßiger, glatter und streichbarer wird. Durch das Kaltrühren bzw. Walzen wird das Fett heller und erhält eine mehr weiße Farbe.

c) Fabrikation von Oleomargarin und Kunstbutter. Die ursprüngliche und auch heute noch die beste Methode der Kunstbuttererzeugung benutzt das Oleomargarin als Rohstoff. Die Kunstbuttererzeugung zerfällt daher in zwei Teile: 1. Fabrikation von Oleomargarin und 2. Margarinbuttererzeugung, beide Betriebe können aber auch als separate Industriezweige figurieren.

Der Rohstoff der Oleomargarinerzeugung ist das Premier Jus, dessen Erzeugung auf S. 51 beschrieben wurde. Das Premier Jus ist nichts anderes, als guter genießbarer geschmolzener Talg. Da der Schmelzpunkt des Talges bei 43—49°, der des Butterfettes bei 28—33° liegt, so ist der Talg ohne Zusatz von fremden Fetten zur Kunstbuttererzeugung zu hart, weshalb ein Teil der festen Fette entfernt werden muß. Zu diesem Zwecke wird das Premier Jus geschmolzen und in geheizten Kristallisierkammern in verzinnten Wannen auskühlen gelassen. Das Premier Jus wird beim Auskühlen grießig, da die festen Fette ausfrieren. Bei 28—29° wird der Wanneninhalt in starke Leinwandtücher gewickelt und mit hydraulischen Pressen gepreßt. Aus der Presse fließt eine goldgelbe Flüssigkeit, das Oleomargarin, während im Preßtuch die festen Teile zurückbleiben, die man Preßtalg nennt. Das Oleomargarin ist eigentlich die bei der Preßtemperatur (ca. 28°) gesättigte

Lösung der festen gesättigten Fette in Triolein, während der Preßtalg überwiegend aus festen Fetten besteht, ca. 75—80% festes Fett neben 20—25% Triolein. Der Schmelzpunkt des Oleomargarins ist nahezu identisch mit der Preßtemperatur, während der Schmelzpunkt und der Titer des Preßtalges von der Preßtemperatur unabhängig sind und größtenteils vom Druck beim Pressen abhängen.

Das Wesen der Kunstbuttererzeugung liegt darin, daß das mit dem Butterfett bei gleicher Temperatur schmelzende Fett oder Fettgemisch mit Milch gekirnt wird, wodurch das Fett durch Einwirkung der Milchbestandteile zur Emulsion wird. Die Emulsion wird mit Eiswasser bespritzt, wodurch sie friert, sich in eine Suspension verwandelt. Das überschüssige Wasser wird hernach mit wellenartig gestalteten Holzwalzen wiederholt gewalzt, wodurch das überschüssige Wasser entfernt wird, so daß nur ca. 15% zurückbleiben. Die fertige Kunstbutter kommt nun in die Knetmaschine, wo sie mit etwas Salz, Farbe und evtl. mit ganz wenig Natriumbenzoat versetzt wird. Um das für die Butter charakteristische, beim Schmelzen eintretende Bräunen nachzuahmen, gibt man noch wenig Eigelb und evtl. Butteraroma hinzu.

Die Milch wird vor allem pasteurisiert, dann mit der Zentrifuge womöglich scharf entrahmt. Der mit Milchsäurebakterienkultur angesäuerte Rahm wird zur Buttererzeugung, die Magermilch zur Margarinfabrikation benutzt. Während ursprünglich zur Margarinfabrikation nur Oleomargarin benutzt wurde, verwendet man jetzt die verschiedensten pflanzlichen und tierischen Fette, hydrogenisierten Tran, gehärtete Pflanzenöle, dann auch verschiedene aus Preßtalg und Pflanzenöl bereitete entsprechende Gemenge. Das Fettgemenge muß derart zusammengesetzt sein, daß der Schmelzpunkt je nach Temperatur und Jahreszeit 28 bis 33° sei.

2. Chemische Betriebskontrolle.

Die Erzeugung von künstlichem Speisefett, Oleomargarin und Margarinbutter ist eine physikalische Operation, Aufgabe der chemischen Betriebskontrolle ist hingegen die Beurteilung der Rohstoffe, Prüfung der fertigen Ware; nur die Säuerung des Rahmes kann im ganzen und großen als chemischer Prozeß betrachtet werden.

Die Rohmaterialien müssen tadellose Speisefette (Öle) sein, namentlich bezüglich Geschmack, Geruch und Farbe. Jedes Faß Rohmaterial muß einzeln geöffnet und auf Geschmack, Geruch und Farbe geprüft werden. Die derart als tadellos befundenen Proben müssen lieferungsweise zu einem gemeinsamen Durchschnittsmuster vereint werden, welches man, wenn es sich um Öl handelt, mit einem reinen Glasstab gut durchmischt, falls es fest ist, durch eine eingeübte Laboratoriumshilfsarbeiterin mit reiner und trockener Hand gut durchkneten läßt. Sollte das Fett sehr hart sein, kann es am Wasserbade durch schwaches Erwärmen erweicht werden; Wasserdampf darf natürlich nicht in das Fett gelangen. Nach ordnungsmäßiger Registrierung und Numerierung werden die Proben chemisch untersucht, vorerst auf Wasser- und Aschegehalt quantitativ, während auf Vorhandensein von unverseifbaren Substanzen qualitativ geprüft wird. Man gibt in eine Eprouvette ein erbsengroßes Stück Fett und kocht mit ca. 4 cm^3 alkoholischem Kali ca. 5 Minuten. Hierauf unterbricht man das Kochen auf ca. 5 Minuten, nach welcher Zeit man wieder aufkocht. Die Hälfte der Flüssigkeit wird hierauf in eine andere Eprouvette überschüttet und mit ebensoviel Wasser versetzt. Tritt keine Trübung ein, so ist eine größere Menge unverseifbarer Substanz nicht zugegen. Entsteht eine Trübung, so kann diese von unverseifbaren oder von noch nicht verseiften Substanzen entstanden sein. Zeigt sodann die weggelegte Probe mit Phenolphthalein alkalische Reaktion, so muß sie noch weitere 5 Minuten erhitzt werden, worauf sie mit Wasser verdünnt wird. Entsteht wieder Trübung, so muß der unverseifbare Teil auch quantitativ bestimmt werden. In den zur Speisefetterzeugung geeigneten Fetten ist selten mehr als $^1/_2$% Unverseifbares, in Fetten aus gehärtetem Tran zuweilen auch über 1%, was in diesem Falle noch erlaubt ist. Mehr als $1^1/_2$% Unverseifbares kommt nur ausnahmsweise vor und ist unstatthaft.

Tauchen Zweifel über die Identität des zu verarbeitenden Öles oder Fettes auf, so müssen hierüber qualitative und quantitative Reaktionen ausgeführt werden. Stets muß die Säurezahl des Fettes bestimmt werden, da die Säurezahl namentlich in Margarinbutter sehr rasch zunimmt, und ist, wenn auch nicht ein Maßstab, jedenfalls aber ein Begleiter des Verderbens der Ware.

Die Milch wird zumeist nach Fettgehalt gekauft, weshalb dieser in jeder einlangenden Lieferung bestimmt werden muß. Der Fettgehalt der Milch wird mit dem Azid-Butyrometer von N. Gerber in der Weise festgestellt, daß mit Schwefelsäure alle Bestandteile der Milch mit Ausnahme des Fettes, das mit Amylalkohol geklärt wird, in Lösung gebracht werden. Das Fett wird von der viel schwereren Schwefelsäure durch Zentrifugieren getrennt und sein Volumen abgelesen. Zur Ausführung der Bestimmung bringt man 10 cm^3 90—91 proz. (1,820—1,825 spez. Gewicht) Schwefelsäure in das schräg gehaltene Butyrometer, darauf mißt man 11 cm^3

Milch ab und läßt sie entlang der Bauchung des Butyrometers auf die Säure fließen, alsdann gibt man 1 cm^3 Amylalkohol hinzu. Hierauf verschließt man mit Gummipfropfen, schüttelt rasch und kräftig bis sich die Milch ohne Flocken gelöst hat, stellt das Butyrometer auf kurze Zeit in ein Wasserbad von 60—70° und bringt es dann, den Stopfen nach außen, in die Metallhülse der Zentrifuge, die man nach Zuschrauben des Deckels 5 Minuten in Bewegung hält. Hernach schiebt man die Fettschicht durch Eindrücken des Pfropffens soweit in die Höhe, bis die untere scharfe Grenze der Fettschicht mit einem Hauptteilstrich zusammenfällt, und liest die Fettprozente ab.

Den Wassergehalt der fertigen Ware kann der damit beschäftigte Arbeiter ziemlich annähernd abschätzen. Die genaue Bestimmung geschieht mit dem Marcussonschen Verfahren (S. 38). Die Menge des Salzes wird durch Veraschen bestimmt, wobei den geringen durch Alkalien verursachten Glühverlust die in der Asche zurückbleibenden Kohlenteilchen kompensieren. Der Fehler ist in der Regel geringer als 0,1%, was praktischen Zwecken entspricht. Muß die Salzmenge ganz genau festgestellt werden, kocht man die Kunstbutter mehrmals mit Wasser aus, filtriert und titriert den Chlorgehalt der wässerigen Lösung mit Silberlösung; oder aber wird die Substanz bei niedriger Temperatur verbrannt, die kohlige Asche mit Wasser ausgelaugt, der ausgelaugte Rückstand mit dem Filtrierpapier ausgeglüht, endlich nach Auskühlen des Glührückstandes die wässerige Lösung eingedampft und das Ganze schwach ausgeglüht.

Natürlich ist bei jedem Kunstspeisefett Geschmack und Geruch des Produktes ausschlaggebend und muß daher mit besonderer Sorgfalt kontrolliert werden.

Bei der Oleomargarinfabrikation ist eine wichtige Betriebskontrolle die Bestimmung des Schmelzpunktes von Oleomargarin und Preßtalg, bei letzterem ist auch auf Feststellung des Titers großes Gewicht zu legen. Der Schmelzpunkt wird im Kapillarröhrchen bestimmt.

VI. Verseifbares Fett enthaltende Schmiermittel.

1. Technologischer Teil.

Schmiermittel enthalten Fett entweder in ursprünglicher Form, in welchem Fall sie aus reinem verseifbaren Fett oder aus diesem und Mineralöl bestehen, oder aber das Fett ist in Form von Seife zugegen, und zwar zumeist als Kalkseife, manchmal als Natron-

oder Aluminiumseife, seltener vermischt. Der Talg wird jetzt als Schmiermittel selten verwendet; häufiger benutzt man das Rapsöl, und zwar nach Raffinieren mit Schwefelsäure, obwohl das mit dem Adsorptionsverfahren raffinierte Rapsöl aller Wahrscheinlichkeit nach ebenso gut sein dürfte. Nachdem man das Rapsöl in der Regel mit Mineralöl vermischt, wird ein Gehalt an freier Fettsäure bis ca. 2% (Säurezahl ca. 4) geduldet. Eine hervorragende Eigenschaft des Rapsöles besteht darin, daß seine Viskosität mit zunehmender Temperatur nicht in dem Maße abnimmt wie jene der Mineralöle. Zum Schmieren von feinen Maschinen (Uhren usw.) ist das Klauenöl sehr geeignet, welches nicht verharzt und in stearinfreiem Zustande frostbeständig ist.

Mineralöle pflegt man zur Erhöhung ihrer Schmierfähigkeit mit pflanzlichen oder tierischen Fetten (Rapsöl, Talg usw.) zu vermischen und nennt sie dann compoundierte Öle. Worin die Vorteile dieser Behandlung bestehen, ist vor der Hand unbekannt, die Praxis bekräftigt aber in entschiedener Weise die Vorzüge der Compoundöle. Das Vermischen geschieht in heizbaren, mit Rührwerk versehenen Bottichen.

Zur Erhöhung der Viskosität der Mineralöle werden Aluminiumseifen benutzt, die zumeist separat hergestellt werden. Zu diesem Zweck verseift man unter Vermeidung eines größeren Laugenüberschusses Elain oder Rapsöl mit Natronlauge, löst die Seife in überschüssigem warmen Wasser auf und schüttet unter Umrühren konz. warme Aluminiumsulfatlösung hinzu. Die ausgeschiedene Aluminiumseife wird dekantiert, gewaschen, bis das Waschwasser keine Sulfatreaktion mehr zeigt, getrocknet und gepulvert. In der Regel löst man sie in raffinierten Mineralölen warm auf. Diese Öle zeigen dann bei gewöhnlicher Temperatur eine hohe Viskosität, die aber bei ansteigender Temperatur rapid fällt. Auch haben sie die unangenehme Eigenschaft, daß sie etwas gallertartig sind, obwohl diese Eigenheit durch mechanische Bearbeitung zeitweilig aufhört. Da diese Öle aschenhaltig sind und einen niederen Entflammungspunkt aufweisen, müssen sie trotz ihres bestechenden Äußeren als minderwertige Schmiermittel betrachtet werden.

Enthält das Mineralöl eine größere Menge Metallseife, so ist es bei gewöhnlicher Temperatur fest bzw. salbenartig. Derartige Maschinenfette oder Starrschmieren enthalten 2—4% Wasser, nach dessen Entfernung die Seife und das Mineralöl sich entmischt, wahrscheinlich als Folge der emulsionsartigen Zusammensetzung, die die einzelnen Bestandteile im Gleichgewicht erhält. Die niedriger schmelzenden Maschinenfette, mit Tropfpunkt 60—80°, enthalten zumeist Kalkseifen und werden Tovote- oder Staufferfett genannt. Die Maschinenfette mit Tropfpunkt über 80° enthalten neben den Kalkseifen auch Natronseifen, während die hochschmelzenden Kalypsolfette mit Tropfpunkt über 120° nur Natronseife enthalten.

Die Herstellung von Tovote geschieht auf folgende Weise: In einem mit Dampf geheizten oder direkt heizbaren Kessel werden 100 kg Rapsöl mit der gleichen Menge Mineralöl vermischt und mit zu dicker Milch gelöschtem gebrannten Kalk, dessen Menge das 3—4 fache des Theoretischen beträgt, gekocht, bis der größte Teil des Wassers verdampft ist, beachtend, daß das Wasser nicht ganz verkocht werde, was nicht vorkommen darf. Die Lösung der so entstehenden Kalkseifen im Mineralöl verdünnt man mit weiteren Mengen von Mineralöl, in der Regel mit ca. 500 kg, bei minderen Qualitäten mit noch mehr, wodurch man eine Ia-Tovote mit einem Tropfpunkt von 60—70° erhält, die einen Wassergehalt von 3—4%, ca. 5% Asche und 14% verseifbaren Fettgehalt aufweist. Die derartig hergestellte Tovote, läßt man sie ruhig erstarren, wird zu einer gelatineartigen Gallerte und zeigt Neigung zum Entmischen. Man läßt daher die noch flüssige Tovote in eine mit Wasser kühlbare doppelwandige Rührmaschine fließen, kühlt darin bis ca. 30°, wonach man das Maschinenfett in einen Walzstuhl mit Walzen von verschiedener Umfangsgeschwindigkeit bringt, wo es zu einer vollkommen gleichmäßigen, klumpenfreien Masse wird. Hier pflegt man auch die gelbe Farbe hineinzumischen, und zwar eine in Fett lösliche Anilinfarbe oder Chromgelb.

Zu einer Ware minderer Qualität nimmt man eine größere Menge Kalk, in der Regel in Form von pulverförmigem Kalkhydrat; ein derartiges Maschinenfett wird gefüllte Ware genannt. Der Aschegehalt der ungefüllten Ware bleibt, bis zu Oxyd geglüht, unter 5%; der zur Verseifung benutzte Kalk ist ein Vielfaches der theoretischen Menge.

In ähnlicher Weise stellt man die Maschinenfette mit höherem und hohem Schmelzpunkt mit Natronlauge und Kalk bzw. nur mit Natronlauge her.

Zur Befriedigung von kleineren Ansprüchen dient das Wagenfett, welches wesentlich dem Maschinenfett identisch ist und ebenfalls eine in Mineralöl gelöste Kalkseife darstellt. Ein Unterschied zeigt sich nur darin, daß im Wagenfett wesentlich weniger Kalkseife enthalten ist, was häufig auch die Fachmänner nicht beachten. Im Harzöl entfällt zumeist nur $^1/_3$—$^1/_4$ Teil auf Säure, das übrige auf Kohlenwasserstoffe, die durch die destruktive Destillation entstanden sind. Daß das Wagenfett trotzdem noch genügend fest ist, ist eine Folge des harzsauren Kalkes und der kolloidartigen

Lösung dieser Seife in den Kohlenwasserstoffen. Wagenfett wird gewöhnlich auf kaltem Wege bereitet, und zwar selbst in großen Fabriken mit sehr primitiven Mitteln, zumeist im Gefäß (Faß), in welchem es geliefert wird. Die Rohmaterialien von gutem Wagenfett sind Blauöl (leichtes Mineralöl), Harzöl, Kalkhydrat, Holzkohlenstaub usw. Zu seiner Bereitung schüttet man in 100 Gewichtsteile Blauöl ca. 13 Gewichtsteile Harzöl, dann siebt man staubförmiges Kalkhydrat hinein, und zwar in ein Wagenfett guter Qualität nur so viel, daß das spez. Gewicht der fertigen Ware kleiner sei als 1, daß es also im Wasser schwimme. Um die bevorzugte blaue Farbe zu verstärken, rührt man noch feinen Holzkohlenstaub und Kienruß hinein. In Wagenfette minderer Qualität, in die gefüllte, nicht schwimmende Ware, gelangt bei der Erzeugung bedeutend mehr Kalk als in das sog. schwimmende Wagenfett. Das ins Faß gefüllte Gemenge wird so lange gekrückt, bis es infolge der sich bildenden Kalkseife dick wird; bis zum nächsten Tag ist der Inhalt des Fasses ganz fest. In letzterer Zeit wird minderes Wagenfett mit Petroleum- und Stearingoudron bereitet; diese Ware ist schwarz oder braun, ihr spez. Gewicht ist zumeist größer als 1.

2. Chemische Betriebskontrolle.

Das einfache Fabrikationsverfahren bringt es mit sich, daß sich die chemische Betriebskontrolle eigentlich nur auf die Untersuchung der Rohmaterialien und der fertigen Ware erstreckt. Rohmaterialien sind: Mineralöle, verseifbare Fette, Kalk bzw. Kalkhydrat, Ätznatron usw.

Bei den Mineralölen bestimmt man in erster Reihe den Entflammungspunkt und die Viskosität. Die Untersuchung, ob ein Mineralöl raffiniert oder nur destilliert ist, geschieht in einfachster Weise folgendermaßen: In einem 25 kubikzentimetrig eingeteilten Glaszylinder mit Glasstöpsel vermischt man 10 cm^3 Öl mit 10 cm^3 Normalbenzin[1]), schüttelt gut durch und versetzt mit 3 cm^3 Schwefelsäure, schüttelt wieder gut durch und läßt das Gemenge 24 Stunden lang stehen. Nach 24 Stunden wird das Volumen der unteren dunkleren Schicht abgelesen und das Volumen der Schwefelsäure abgezogen. Die Differenz, welche von dem durch Schwefelsäure angreifbaren Öl stammt, ist bei gut raffinierten Ölen 4—10% und steigt bei weniger gut raffinierten bis 15%. Bei destillierten Ölen hingegen steigt diese Differenz („Teer") von 15% bis zu 50%.

[1]) Ein Benzin, dessen Siedepunkt zwischen 75—95° liegt.

Die verseifbaren Fette sind auf Wasser- und Aschegehalt, dann auf unverseifbare und Schmutzteile und auf die Säurezahl zu prüfen. Bei Elain soll der Gehalt an freier Fettsäure wenigstens 94% betragen. Die Erkennung der Elainverfälschung ist in Kapitel XI, S. 114, behandelt. Bei Herstellung von Tovote und ähnlichen Schmiermitteln kann statt Elain mit demselben Erfolg gut gespaltene Rapsölfettsäure benutzt werden.

Der Kalk wird bei Bereitung von Schmiermitteln als Kalkhydrat, und zwar als pulverförmiges leichtes Kalziumhydroxyd verwendet, das aus reinem, hochgrädigem, mindestens 90proz. gebrannten Kalk hergestellt wird. Zur Untersuchung des gebrannten Kalkes wägt man auf der Apothekerwage ca. 30 g ab und läßt sie mit ca. 15 g Wasser bespritzt zu Pulver zerfallen. Das Kalkhydrat verdünnt man mit ausgekochtem Wasser und wäscht es in einen 1 l fassenden Meßkolben, verdünnt bis zum Strich und titriert 20 cm^3 nach gutem Durchschütteln bei Benutzung von Phenolphthalein als Indikator. Das Kalkhydrat enthält stets eine geringe Feuchtigkeit, die aber zur Fabrikation notwendig ist, da sie die Verseifung befördert und das Schmiermittel glatter macht. Der Wassergehalt des Kalkhydrates wird am besten durch die Destillationsmethode, der Kalkgehalt durch die soeben beschriebene Titration bestimmt.

Bei Untersuchung der fertigen Ware ist bei flüssigen Schmiermitteln die Bestimmung des Entflammungspunktes und der Viskosität wichtig, dann noch der Gehalt an verseifbarem Fett, evtl. auch der Aschengehalt. Bei salbenartigen Schmiermitteln sind das spez. Gewicht, der Tropfpunkt, der Gehalt an Wasser, Asche, verseifbarem Fett und an freien Säuren zu bestimmen.

In asche- und wasserfreien Ölen und Fetten genügt es, das Unverseifbare (die Mineralöle) zu bestimmen, die Differenz von 100 ergibt den verseifbaren Teil. Bei wasser- und aschehaltigen Schmiermitteln (seifenhaltige Öle, Tovote usw.) muß der Wassergehalt durch Destillation bestimmt werden, da das Trocknen infolge des verhältnismäßig niederen Siedepunktes der Mineralöle große Fehler verursacht. Die Aschenbestimmung geschieht durch starkes Glühen, damit in der Asche nur Oxyde zugegen sein sollen. Wurde zur Verseifung auch Alkali benutzt, ist das Ausglühen nicht möglich, sondern man verascht bei möglichst niedriger Temperatur, laugt die Alkalien aus und bestimmt den unlöslichen Teil separat. Den gelösten Teil, welcher die Alkalien in der Regel als Hydroxyd enthält (Kalk kann sodann nicht zugegen sein), titriert man bei Gegenwart von Methylorgane. Der unverseifbare Teil wird nach S. 80 u.

bestimmt. Bei kalkhaltigen Substanzen ist die Kalkseife unlöslich im Wasser, sammelt sich daher im unteren Teil des Scheidetrichters unter der Wasserschichte, verursacht aber keine Störung. Ist im Schmiermittel nicht nur anorganisches Füllmittel, sondern auch organisches zugegen (z. B. im Wagenfett Holzkohle), wird seine Menge geradeso bestimmt wie der organische Schmutz. Bei Schmiermitteln mit geringem Aschegehalt (5—8%) erhält man die Menge des verseifbaren Fettes, wenn man die Menge von Wasser, Asche und Füllstoff von 100 abzieht. Dies ist wohl fehlerhaft, da der nichtgebundene Teil der in Form von Oxyd gewogenen Asche als Kalkhydrat zugegen ist, so daß das Fett tatsächlich geringer ist als der berechnete Wert. Bei stark gefüllter Ware ist es besser, bei der Bestimmung des Unverseifbaren die unteren Kalkseifen- und wässerig alkoholischen Seifenschichten aus dem Scheidetrichter herabzulassen, einzutrocknen, mit Säure zu zersetzen und das verseifbare Fett direkt zu bestimmen.

Die Menge der freien Fettsäuren wird durch die Säurezahl bestimmt. Ihre Menge pflegt dann eine größere zu sein, wenn Fettsäuren benutzt wurden und die Verseifung bei der Fabrikation unvollständig war. Dies ist natürlich ein schwerer Verlust für den Betrieb, geradeso wie das nichtverseifte Neutralfett, welches sich zuweilen in den Starrfetten in sehr beträchtlicher Menge vorfindet, was mit Rücksicht auf die große Menge des Unverseifbaren leicht verständlich ist.

Die Wichtigkeit der Feststellung der Menge des unverseiften, jedoch verseifbaren Fettes braucht nicht separat betont zu werden. Die mitgeteilte Methode kann in 2—3 Stunden durchgeführt werden, ein rascheres Verfahren ist nicht bekannt. In einen kleinen weithalsigen Kolben steckt man ein konisch zusammengebogenes Filterpapier, in welches man 5—6 g des zu untersuchenden Maschinenfettes einwiegt. Den Kolben stellt man in ein Luftbad von 150°, wo das Wasser rasch verdampft, der Hauptteil der Seife und der Füllstoffe verbleiben im Filterpapier, das Mineralöl und das unverseifte Fett fließen in den Kolben. Den Kolben läßt man nun auskühlen, wäscht das Filterpapier mit ein wenig Petroläther aus, gibt in den Kolben alkoholische Kalilauge und bestimmt die Verseifungszahl. Es empfiehlt sich den Alkaliüberschuß statt mit wässeriger mit alkoholischer Salzsäure zurückzutitrieren, damit die wässerige Salzsäure nicht das Ausscheiden des Petroläthers verursache. Ist die Untersuchung nicht sehr dringend, kann der Petroläther abdestilliert und dann wässerige Salzsäure benutzt werden. Ist das verseifbare Fett Rapsöl, so gibt die gefundene Verseifungszahl mit $\frac{100}{175}$

multipliziert die Menge des nichtverseiften, aber verseifbaren Fettes an. Bei anderen Fetten ist der Faktor $\frac{100}{190}$.

Das spez. Gewicht des Schmiermittels wird durch das sog. Schwebeverfahren oder mit dem Donathschen Pyknometer bestimmt. Ist das spez. Gewicht kleiner als 1, benützt man als Schwebeflüssigkeit ein Gemenge von Wasser und Alkohol, ist es höher als 1, eine Salzlösung.

Es sei noch hervorgehoben, daß bei Beurteilung der Qualität von Wagenfett die Menge der Kalkseife anders beurteilt werden muß wie in der Tovote, da im guten Wagenfett wohl auch 15% Harzöl enthalten sein können, die Menge der Kalkseife kann aber trotzdem nur 4—5% sein. Das Harzöl besteht bekanntlich kaum zu $^1/_3$ aus Säure, im übrigen aus Kohlenwasserstoffen, ist aber trotzdem bedeutend wertvoller als ein Mineralöl von entsprechender Viskosität, da es die Festigkeit des Wagenfettes befördert.

VII. Firnisfabrikation.

1. Technologischer Teil.

Die trocknenden Öle (Leinöl, Tungöl, Hanföl, Nußöl, Mohnöl), in geringerem Maße die halbtrocknenden Öle (Sonnenblumenöl, Kürbiskernöl, Sojabohnenöl und Trane) zeichnen sich durch die Eigenschaft aus, daß sie durch längere oder kürzere Einwirkung der Luft eine zusammenhängende, feste Haut bilden oder, wie man unrichtig zu sagen pflegt, trocknen. Das Trocknen der Öle kann durch Zusatz bestimmter katalytisch wirkender Substanzen wie auch durch Polymerisation stark befördert werden. Die Substanzen, die das Trocknen der trocknenden und halbtrocknenden Öle beschleunigen, nennt man Sikkative. Die Firnisfabrikation besteht dem Wesen nach darin, daß man das Öl mit Sikkativen versetzt, indem man darin Metalloxyde oder gewisse Metallseifen löst und durch Erhitzen auf höhere Temperatur die ungesättigten Molekeln polymerisiert, wobei Oxydierung und teilweise Zersetzung der Glyzeride vor sich geht.

Die alte Methode der Firnisfabrikation besteht darin, daß Leinöl mit Blei- und Manganoxyd des längeren erhitzt („gekocht") wurde, bis die Oxyde in Form von Seifen in Lösung gingen. Heute gelangt man viel einfacher zum Ziel, indem man im schwach erhitzten Öl unmittelbar Seifen löst. Durch Anwendung der niedrigen Temperatur bleibt der Firnis licht, jedoch dünnflüssig, was bei Verwendung auf senkrechter Fläche unangenehm ist. Als sehr wirkungsvolles Sikkativ erwies sich neuerdings der Kobalt. Die Kobaltseifen sind besonders geeignet zur Erzeugung von rasch (in 5—6 Stunden) trocknenden hellen Firnissen. Die besondere Aktivität der Kobaltseife zeigt auch der Umstand, daß die harzsaure Kobaltseife in Pulverform an der Luft in kurzer Zeit glühend wird und sich entzündet.

Die als Sikkative dienenden Metallseifen werden auf „trocknem" oder aber auf „nassem Wege" hergestellt. Ihr negativer Bestandteil kann Leinöl (Tungöl usw.) oder Harzsäure sein; die Metallsalze der letzteren scheinen aktiver zu sein. Auf „trockenem Wege" stellt man die Metallseifen am besten in der Weise her, daß die aus dem Öl abgeschiedene Fettsäure bzw. das Harz in geschmolzenem Zustande mit dem fein verpulverten Metalloxyd erhitzt wird; statt letzterem verwendet man häufig auch Peroxyde (Braunstein, Minium), auch Karbonate, Azetate, Formiate. Zur Lösung des Metalloxydes und namentlich der übrigen Verbindungen benötigt man eine ziemlich hohe Temperatur und andauerndes Erwärmen, weshalb diese Sikkative in der Regel dunkel sind. Hellere Sikkative erhält man auf „nassem Wege", in welchem Fall aus den Ölen und Harzen vorerst Natronseifen hergestellt werden, aus welchen dann durch irgendein wasserlösliches Salz des Metalles die unlösliche Metallseife gefällt wird. Aus der gefällten Metallseife werden die wasserlöslichen chemischen Umsatzprodukte sorgfältig ausgewaschen, wonach der Niederschlag getrocknet wird. Es gibt einige Sikkative, die keine Seifen sind, z. B. das Manganborat, welches sich im neutralen Öle schwer löst.

Unter Standöl (Dicköl) versteht man einen Firnis, der ohne Sikkativ nur durch andauerndes Erhitzen auf 240—310° hergestellt wurde. Dieses Präparat war durch das starke Erhitzen einer weitgehenden Polymerisation unterworfen und ist daher sehr dick.

2. Chemische Betriebskontrolle.

Da man als Maß der Reinheit des Leinölfirnisses die hohe Jodzahl betrachtet, muß die Firniserzeugung so geleitet werden, daß die Polymerisation (Kondensierung) mit einer womöglich kleinen Verringerung der Jodzahl verbunden sei, das heißt eine zu hohe Temperatur und zu langes Erhitzen sind zu vermeiden. Über das Vorschreiten der Polymerisation kann man sich mit dem Englerschen (oder mit einem anderen System angehörenden) Viskosimeter überzeugen. Das Anwachsen der Molekeln als Folge der Kondensation läßt sich auch durch kryoskopische Molekulargewichtsbestimmung kontrollieren.

Wichtigkeit hat auch die Säurezahl. Durch längeres Erhitzen und als Folge der verwendeten Resinate kann die ursprünglich kleine Säurezahl des Öles anwachsen, womit bei Anwendung von basischen Farbstoffen (Zinkoxyd, Bleioxyd, Litopon usw.) infolge von Seifenbildung ein Verdicken des Öles bzw. der Firnisse verbunden ist.

In vielen Fällen hat auch die Bestimmung der Harzmenge Wichtigkeit. Diese Bestimmung geschieht ganz so, wie es bei der Seifenerzeugung (S. 127) mitgeteilt ist.

Diese Bestimmungen werden durch praktische Proben, Bestimmung der Trocknungsdauer, der Klebrigkeit usw. ergänzt.

Sehr häufig kommt ein Vermischen der Firnisse mit einer geringeren Menge (10—20%) halbtrocknender Öle vor. Dies kann durch die Jodzahl nicht nachgewiesen werden, manchmal erhält man bessere Resultate durch die Hexabromidzahl. Zu ihrer Bestimmung werden 10—15 g Leinöl in bekannter Weise (S. 58) verseift und die Fettsäuren abgeschieden. 2 g der Fettsäure löst man in 20 cm³ Äther nach Zugabe von einem Tropfen Essigsäure und kühlt die Lösung durch Salz und Eis auf —10° ab. Nach einer halben Stunde geben wir in diese Lösung in kleinen Portionen 1 cm³ Brom, lassen sie hernach zwei Stunden im Kühlgemisch stehen, filtrieren dann mit Dekantation durch einen Gooch-Tiegel, waschen mit 2 cm³ Äther den Kolben und den Gooch-Tiegel aus. Hernach wird der Kolben und der Gooch-Tiegel gewogen, ihre Gewichtszunahme ergibt das Hexabromid. Die Hexabromidzahl von reinem Leinöl ist wenigstens 49%.

Von den in dieser Weise hergestellten Bromiden werden 0,1 g mit 5 cm³ Benzol im Rückflußkühler erhitzt; lösen sie sich ganz auf, so sind Trane nicht zugegen. Ist ein unlöslicher Teil verblieben, filtriert man ihn ab und bestimmt den Schmelzpunkt; bei vorsichtigem Erhitzen schmelzen die Oktobromide nicht bei 178°, sondern zersetzen sich bei 190° unter Verkohlung.

Untersuchung der Firnisse. Trocknungsprobe. Auf einer ca. 10 × 10 zentimetrigen Glasplatte werden 3—4 Tropfen Firnis gleichmäßig verrieben und horizontal liegen gelassen. Bei Zimmertemperatur ist guter Firnis in 5—24 Stunden, ohne klebrig zu sein, trocken. Sein spez. Gewicht ist bei 20° 0,930—0,935, ein höheres spez. Gewicht weist auf die Anwesenheit von größeren Mengen Sikkativen. Der Brechungsindex steigt bei Gegenwart von Harzsikkativ bis 1,4895. Die Säurezahl ist 10—12; eine höhere Säurezahl zeigt auf Anwesenheit von viel Harz.

Die Jodzahl ist selten weniger als 175, häufig auch 185 (nach Wijs). Die Achse steigt bis 0,6%; durch Multiplikation mit 0,9 erhält man annähernd die Menge des Sikkativs.

VIII. Dégrasfabrikation.

Wir behandeln an dieser Stelle nur die Kunstdégrasfabrikation, die den größten Teil des Bedarfes deckt. Dégras ist die Emulsion von oxydierten Fetten, namentlich von Tranen, mit Wasser, die auch in die halb nassen Häute eindringt, vom Material der Haut halbwegs chemisch gebunden wird, die Reibung der Hautfasern vermindert, wodurch die Haut geschmeidig und weicher wird.

1. Technologischer Teil.

Nach der heute am meisten verwendeten Methode bläst man in auf höhere Temperatur (150—250°) erhitzte Trane (Wal-, Robben-, Japantran, Sardinen- und Heringsöl) in verzinnten Eisenbehältern Luft. Durch Oxydation werden die Trane heller, ihre Jodzahl nimmt ab, ihr spez. Gewicht und ihre Viskosität erhöht sich, was ebenfalls zur Zunahme ihrer Emulgierungsfähigkeit, die ihre wichtigste Eigenschaft darstellt, beiträgt. Wäre das spez. Gewicht 1, hätte das Dégras kein Bestreben, sich vom Wasser zu trennen. Neben Tran verwendet man häufig auch Wollfett und Pflanzenfett, dann auch Talg, welch letzterer die Emulgierungsfähigkeit nach Vollzug der Oxydation wesentlich erhöht. Die Oxydation wird mit jeder Substanz separat vollzogen, die oxydierten Fette vermischt man dann ihrem Zweck entsprechend. Die Haltbarkeit der Emulsion kann auch durch Zusatz von etwas Zeresin gesteigert werden. Diese wasserfreie Substanz, auf welche nach neuer Terminologie die Bezeichnung „Moëllon" übertragen wurde, wird mit 15—20% Wasser emulgiert.

Gutem Dégras wird zur Erhöhung der Emulgierungsfähigkeit weder Soda noch Ammoniak zugesetzt. Als Wertmesser des Dégras dient einesteils der verseifbare Fettgehalt (= Moëllon), andernteils der Gehalt an Oxyfettsäuren.

2. Chemische Betriebskontrolle.

Die Dégrasfabrikation ist wohl ein einfaches Verfahren, trotzdem aber ist die Kontrolle des Vorschreitens der Oxydation unerläßlich, um ein gutes Produkt herstellen zu können. Zu dieser Betriebskontrolle haben wir mehrere Verfahren, von denen die Bestimmung des Brechungsindex und des spez. Gewichtes die gebräuchlichsten sind, da sie sehr rasch ausgeführt werden können. Während z. B. der Brechungsindex des ursprünglichen Tranes 1,478° ist, beträgt er nach der Oxydation 1,489°. Zur Bestimmung des Brechungsindexes benutzt man das Abbé-Zeißsche Refraktometer, mit welchem noch auch verhältnismäßig dunkle Fette geprüft werden können. Ist der oxydierte Tran sehr dunkel, bestimmt man statt des Brechungsindexes das spez. Gewicht oder die Viskosität. Das spez. Gewicht wird mit Aräometer, die Viskosität mit dem Englerschen Viskosimeter festgestellt. Für jeden Rohstoff müssen wir natürlich eine eigene Tabelle ausarbeiten, die man dann für das betreffende Rohmaterial vorteilhaft benutzen kann. Zwischen Brechungsindex, spez. Gewicht und Viskosität ist kein vollständiger Parallelismus.

Der eigentliche Maßstab der Oxydation ist die Abnahme der Jodzahl und die Zunahme der Oxyfettsäuren. Die Bestimmung der Oxyfettsäure ist langwierig und daher zur Betriebskontrolle nicht geeignet. Die Ausführung der Wijsschen Jodzahlbestimmung dauert ca. $^3/_4$ Stunden und ist daher in den meisten Fällen ebenfalls unbrauchbar. Unter gleichen Versuchsbedingungen gibt hingegen das Zurückmessen der alkoholischen Jodlösung nach entsprechender Verdünnung wohl keine absolut richtigen, jedoch gut vergleichbare Daten[1]). Auf diese Weise kann die (vergleichende) Jodzahl in ca. 5 Minuten bestimmt werden.

Die Untersuchung der fertigen Ware hat besondere Bedeutung, da ihr Gehalt an Wasser und an Oxyfettsäuren innerhalb sehr weiter Grenzen schwankt.

Der Wassergehalt wird durch die Destillationsmethode bestimmt.

Als Ergänzung der Aschebestimmung wird in der Asche auf Gegenwart von Eisen geprüft, da letzteres für Häute sehr schädlich ist; gutes Dégras soll aschefrei sein. Gleichzeitig prüfen wir mit einem in konz. Salzsäure getauchten Glasstab auf Ammoniak.

Die Bestimmung des Unverseifbaren vereinigen wir mit der Feststellung der Oxyfettsäuren, die man „Dégrasbildner" nennt. Zu dieser Untersuchung nimmt man 10 g Dégras, sollte aber nach der qualitativen Probe, S. 62, viel Unverseifbares zugegen sein, so nimmt man entsprechend weniger. Man verseift und schüttelt aus laut S. 80. Die alkalische wässerige Lösung, die im Scheidetrichter von der Petrolätherschichte getrennt wurde, trocknet man am Wasserbade in einer Porzellanschale ein, löst in wenig Wasser, bringt sie in einen Scheidetrichter, säuert mit Salzsäure in Gegenwart von Methylorange an und schüttelt mit 100 cm³ Petroläther gut durch; die Oxyfettsäuren bleiben als Flocken an den Wänden des Scheidetrichters hängen, die übrigen Fettsäuren lösen sich im Petroläther. Sammeln sich die Oxyfettsäuren in der unteren Verengung des

[1]) Zeitschr. f. angew. Chem. Bd. 37, S. 334. 1924.

Trichters, schüttet man die Petrolätherlösung oben ab, sonst läßt man sie durch den unteren Hahn ab. Die Oxyfettsäure wird mit 50 cm³ Petroläther noch ein zweites Mal geschüttelt, der Petrolätherauszug mit dem ersten Auszug vereint, stehen gelassen und hernach aus gewogenem Kölbchen abdestilliert. Der gewogene Rückstand zeigt die Menge der verseifbaren Fettsäuren an, die keine Oxyfettsäure enthalten. Bildet letztere im unteren Teil des Scheidetrichters einen zusammenhängenden Stöpsel, so bläst man ihn bei offenem Hahn in ein gewogenes Porzellanschälchen hinein, trocknet und wägt. Bleibt die Oxyfettsäure, was selten vorkommt, an den Wänden des Trichters in losen Teilen kleben, löst man sie in 50 cm³ warmem Alkohol, spült mit 10—10 cm³ warmem Alkohol zweimal nach und destilliert hernach aus gewogenem Kölbchen den Alkohol ab, trocknet und wägt. Den verseifbaren Teil nennt man „Moëllon" und drückt die Oxyfettsäuren auch in Prozenten des Moëllons aus, wie dies aus folgenden analytischen Daten ersichtlich ist:

Wasser	17,23%	Oxyfettsäuren im Dégras	15,18%
Asche	0,03%		
Unverseifbares	14,13%	Oxyfettsäuren im Moëllon	22,12%
Verseifbares Fett (Moëllon) . .	68,61%		
Zusammen	100,00%		

IX. Die Fettspaltung.

1. Technologischer Teil.

Die Fettspaltung ist entweder ein Teil von anderen Betrieben, z. B. der Stearin- oder Seifenfabrikation, oder aber sie wird als selbständiger Industriezweig betrieben. Ihr Zweck ist, aus dem Neutralfett Fettsäure und Glyzerin zu erzeugen, was sie durch verschiedene Methoden erreicht. Die Spaltung erreicht nie 100%, da sich die anfänglich rasche Spaltung mit Zunahme der Menge von Fettsäure und Glyzerin sehr verlangsamt. Auch ist der Grad der Spaltung je nach dem zu erreichenden Zweck ein verschiedener. Bei Fettspaltung zu Zwecken der Seifenfabrikation begnügen wir uns mit 80—85% freier Fettsäure, damit die Substanz durch die lange Reaktionszeit nicht zu dunkel werde. Bei Stearinfabrikation trachtet man schon einen höheren Spaltungsgrad zu erreichen, etwa 95—96%, damit das Elain möglichst wenig Neutralfett enthalte. Besonders wichtig ist der hohe Spaltungsgrad, wenn die Fettsäuren destilliert werden müssen, da das Neutralfett technisch nicht destilliert werden kann und zur Entstehung unverseifbarer Substanz Veranlassung geben kann.

Man kennt zur Zeit fünf Fettspaltungsverfahren: a) mit der stöchiometrischen Basenmenge; b) die Autoklavenspaltung; c) die Azidifikation; d) die Twitchellsche Spaltung und e) die fermentative Spaltung. Das erste Verfahren wird heute nur mehr selten angewendet, das letzte (e) ist im Großbetrieb nicht verbreitet. Ein sechstes Verfahren, das Krebitzsche, ist eigentlich ein Seifenfabrikationsverfahren, welches dort behandelt wird.

a) Spaltung mit der stöchiometrischen Basenmenge. Es besteht im Wesen darin, daß das geschmolzene Fett mit einer die theoretische etwas übersteigenden Alkalimenge, meistens mit Kalk, zuweilen mit Ätznatron gekocht wird, in welchem Fall Kalk- bzw. Natronseife entsteht und Glyzerin frei wird. Will man das Glyzerin benutzen, so muß die wässerige Glyzerinlösung von der Kalk- bzw. Natronseife getrennt werden. So wird bei der Krebitzschen Seifenfabrikation die entstandene und vermahlene Kalkseife mit Wasser ausgelaugt, wobei das Glyzerin in das auslaugende Wasser übergeht. Beim Verseifen mit Ätznatron wird die Seife ausgesalzen, wobei sich die wässerig-salzige Glyzerinlösung am Boden ansammelt, auf welchem die Seife schwimmt. Durch Zersetzen der Kalk- bzw. Natronseifen mit Säure erhalten wir die Fettsäuren; dieses ziemlich kostspielige Verfahren wird nur in den seltensten Fällen angewendet eben wegen seiner hohen Kosten.

b) Die Autoklavspaltung. Wird das Neutralfett nicht im offenen Gefäß, also bei gewöhnlichem Druck mit Basen gekocht, sondern im geschlossenen Gefäß (im Autoklaven) bei hohem Druck, so ist zur Verseifung eine viel geringere Laugenmenge als die stöchiometrische notwendig. Die Autoklaven werden aus Kupfer verfertigt, damit die Fettsäuren das Material des Autoklaven nicht stark angreifen sollen. Die Erfahrung zeigt, daß die Spaltung eine um so raschere ist, je höher der Druck bzw. die damit einhergehende Temperatur ist, je mehr Wasser zugegen ist, d. h. also je geringer die Konzentration des abgespaltenen Glyzerins ist, je mehr Base vorhanden ist und je intensiver sich Fett und Wasser mengten. Als Base verwendete man früher Kalk, dann Magnesia, neuerdings dient hierzu Zinkoxyd oder Metallzinkstaub. Das Rühren des Autoklaveninhaltes geschieht nur durch den einströmenden hochgespannten Dampf. Die Spaltung ist anfangs eine sehr rasche, später wird sie immer langsamer. In der Praxis werden heute die zur Seifenfabrikation dienenden Fette bei 6—8 Atm. Druck ca. 6 Stunden, die zur Stearinfabrikation dienenden bei 12—14 Atm. Druck 8—10 Stunden hindurch gespalten. Wie bei jedem Verfahren, so spalten sich die ganz neutralen Fette (z. B. Speisefette) auch beim Autoklavenverfahren sehr schlecht, hingegen geht dieser

Prozeß bei Fetten mit Gehalt an freien Fettsäuren um so rascher und vollkommener vor sich, je mehr freie Fettsäuren sie enthalten.

Bei jedem Spaltungssystem ist es wichtig, daß das zu spaltende Fett rein sein soll, es soll also schon ursprünglich keine Seifen von zumeist unbekannter Zusammensetzung, keinen organischen Schmutz, wie Schleimstoffe, leimartige und verwandte Körper usw., endlich keinen mechanischen Schmutz (Sand usw.) enthalten. Die Anwesenheit von Schmutz verursacht nicht nur eine schlechte Spaltung, sondern ruft nach der Spaltung eine Emulsion hervor, so daß sich das Glyzerinwasser von den Fettsäuren nicht abscheidet. Von diesen Fremdstoffen befreien wir das Fett durch Kochen mit verdünnter Schwefelsäure. Da bei der Autoklavenspaltung zum Spalten Basen verwendet werden, so müssen aus dem mit Schwefelsäure gewaschenen Fett auch die letzten Spuren der Schwefelsäure durch wiederholtes Waschen entfernt werden. Die zu spaltenden Fette müssen also schwefelsäure-, asche- und schmutzfrei sein.

Die Menge der notwendigen Base hängt von der Qualität und physikalischen Beschaffenheit der Base, von der Menge des anwesenden Wassers, vom Dampfdruck, von der Menge der im Fett anwesenden freien Fettsäuren und auch von der Natur des Fettes ab. Nachdem der Dampfdruck infolge technischer, die Menge des Wassers infolge ökonomischer Gründe nicht übermäßig erhöht werden kann, bleibt man meistens innerhalb der oben angegebenen Grenzen und nimmt vom Wasser 50% des Fettes, von der Magnesia ca. 0,5%, vom Zinkoxyd 0,2—0,3%, vom Zink 0,2%. Hierdurch erspart man nicht nur den Preis der Base, sondern spart auch an der zur Zersetzung der Seifen notwendigen Schwefelsäure.

Nach vollendeter Spaltung bläst man den Inhalt des Autoklaven in einen hoch postierten Behälter aus Lärchenholz oder verbleitem Eisen, wo sich nach gewisser Zeit das Glyzerinwasser am Boden des Bottichs sammelt, darauf schwimmt die Fettsäure, die eigentlich nur der Hauptmasse nach Fettsäure ist, da sie einige Prozente Metallseifen und noch Neutralfett enthält. Das Glyzerinwasser wird abgelassen und zu Glyzerin verarbeitet (s. S. 93). Die Fettsäure enthält noch eine beträchtliche Menge Glyzerinwasser, von welchem es durch systematisches Waschen befreit wird. Diese Waschwässer benutzt man nach dem Gegenstromsystem wiederholt, dann werden sie zum Füllen des Autoklaven verwendet.

Aus der metallseifenhaltigen Fettsäure entfernt man das Metall durch Waschen mit verdünnter Schwefelsäure, die Schwefelsäure wird dann durch wiederholtes Waschen mit Wasser entfernt.

c) Azidifikation (Sulfurierung). Vermischt man Neutralfette bei ca. 100° mit 66gradiger (92—94proz.) Schwefelsäure intensiv, so lagert sich die Schwefelsäure durch Addition an die ungesättigten Fettsäuren an, und zwar bindet jedes Molekel Schwefelsäure zwei Molekel Fett in folgender Weise:

$$2\,(C_{17}H_{33}COO)_3C_3H_5 + H_2SO_4 = SO_2\begin{cases} O-C_{17}H_{34}\cdot COO \diagdown\!\!\!\diagup\, C_3H_5 \,(C_{17}H_{33}\cdot COO)_2 \\ O-C_{17}H_{34}\cdot COO \diagdown\!\!\!\diagup\, C_3H_5 \,(C_{17}H_{33}\cdot COO)_2 \end{cases}$$

Wird nun dieses sulfurierte Fett mit Wasser gekocht, regeneriert sich die Schwefelsäure, das Glyzerin und die Fettsäure werden abgeschieden, aus der Ölsäure jedoch, zu der die Schwefelsäure gebunden war, entstand Oxystearinsäure:

$$SO_2\begin{cases} O-C_{17}H_{34}-COO \diagdown\!\!\!\diagup\, C_3H_5 \,(C_{17}H_{33}-COO)_2 \\ O-C_{17}H_{34}-COO \diagdown\!\!\!\diagup\, C_3H_5 \,(C_{17}H_{33}-COO)_2 \end{cases} + 8\,H_2O = H_2SO_4 + 2\,C_3H_5(OH)_3 + 4\,C_{17}H_{33}\cdot COOH + 2\,C_{17}H_{34}\begin{cases} OH \\ COOH \end{cases}$$

Die letzten Teile der Säure entfernt man auch hier durch wiederholtes Waschen mit Wasser.

Infolge der zerstörenden Wirkung der konz. Schwefelsäure bräunt die Sulfurierung die Fette sehr stark, so daß man diese Spaltung in der Regel bei schon ursprünglich dunklen Fetten anwendet, die ohnehin destilliert werden müssen. Da bei dieser Fettspaltung ein Teil der flüssigen Ölsäuren in die feste Oxystearinsäure bzw. nach dem Destillieren teilweise in die feste Isoölsäure übergeht, erreicht man neben der Fettspaltung auch eine Zunahme der festen Fettsäuren, weshalb dieses Verfahren hauptsächlich in der Stearinindustrie (S. 102) angewendet wird.

Da eine Schwefelsäure, die stärker ist als 92—94%, viel Säureteer bildet, eine, die schwächer ist, sich hingegen schwer an das Fett additioniert und daher schlecht spaltet, ist das Trocknen des Fettes sehr wichtig.

d) Twitchell-Spaltung. Wird Neutralfett mit verdünnter Schwefelsäure gekocht, zersetzt sich das Fett nur sehr langsam, wird es hingegen statt der genannten Säure mit wässeriger Lösung des sog. Twitchellschen Reaktivs gekocht, wird die Spaltung so beschleunigt, daß sie auch technisch verwertet werden kann. Das Twitchellsche Reaktiv wird aus konz. Schwefelsäure, aus aromatischen Kohlenwasserstoffen (zumeist aus Naphthalin) und aus einer im technischen Sinne genommenen Fettsäure (Ölsäure, hydrogenisiertes Fett, Naphthensäure) bereitet und sulfoaromatische Schwefelsäure genannt, obwohl ihre chemische Zusammensetzung bzw. der Umstand, ob eine wirkliche Verbindung vorliegt, noch nicht ganz sicher ergründet ist. Das Twitchellsche Reaktiv spielt dieselbe Rolle wie die Base bei der Autoklavenspaltung, es wirkt als Emulsifikator, der die intensive Berührung zwischen Wasser und Fett ermöglicht. Der Hauptvorteil des Twitchell-Systems ist, daß die Einrichtung und der Betrieb billig sind.

Das Reinigen des Fettes spielt hier noch eine größere Rolle als bei der Autoklavenspaltung, weshalb auch hier mit Schwefelsäure sorgfältig gereinigt wird, da jedoch das Reaktiv ohnehin freie Schwefelsäure enthält, deren Gegenwart zur Spaltung unbedingt erforderlich ist, bleibt das Auswaschen der Schwefelsäure aus dem Fett weg. Das Fett wird mit der wässerigen Lösung des Reaktivs im geschlossenen Lärchenholzbottich mit Dampf gekocht, wobei gesorgt wird, daß sich die Dämpfe entfernen können und daß im Bottich kein Druck entsteht. Einen offenen Bottich zu verwenden ist nicht angezeigt, da sich das Fett in Gegenwart der Luft vom Reaktiv stark bräunt. Der Spaltungsgrad hängt hier ebenfalls vom freien Fettsäuregehalt des Fettes und von der Konzentration des Glyzerins bzw. von der Wassermenge ab, außerdem auch von der Menge des Reaktivs, die 0,5—1,0% zu sein pflegt; die Spaltungsdauer ist in der Regel 48 Stunden. Nach den ersten 24 Stunden läßt man das Glyzerinwasser ab und ersetzt es, um die Konzentration des Glyzerins zu vermindern, mit frischem Wasser, worauf man noch weitere 24 Stunden kocht. Hernach wird die freie Schwefelsäure mit Bariumkarbonat neutralisiert, wodurch die Spaltung beendet wird.

e) **Fermentative Spaltung.** Im pflanzlichen und im tierischen Organismus sind zahlreiche Fermente vorhanden, durch die Fette in Gegenwart von Wasser in Fettsäure und Glyzerin gespalten werden. So z. B. wird Fettspaltung durch einen Brei des Rizinussamens bei Anwesenheit von essigsaurem Wasser bei gelinder Erwärmung sozusagen von allein hervorgerufen, was auch in der Praxis benutzt werden kann. Bei festen Fetten ist jedoch eine höhere Temperatur erforderlich, was die Wirkung des Fermentes sehr abschwächt, anderseits ruft das Samenschrot eine Emulsionsschicht hervor, welche Umstände bisher der Verbreitung des Verfahrens im Wege standen. Diese Hindernisse können jedoch wahrscheinlich unschwer beseitigt werden, wodurch dann die fermentative Spaltung infolge ihrer großen Vorzüge leicht zu einer praktischen Bedeutung kommen kann.

2. Chemische Betriebskontrolle.

Die chemische Betriebskontrolle besteht aus folgenden Operationen:

a) Prüfung der Rohmaterialien,
b) Vorreinigung der Fette zur Spaltung,
c) Kontrolle des Spaltungsgrades,
d) Kontrolle der Zersetzung.

a) Bei Prüfung der Rohmaterialien bestimmt man die Menge des verseifbaren Fettes, des Glyzerins, des unverseifbaren Teiles und untersucht, ob die Ware ihrer Deklaration entspricht.

Die Menge der verseifbaren Fettsäure bestimmt man auf indirektem Wege, indem man den Gehalt an Wasser, Asche, organischem Schmutz und Unverseifbarem, dann noch die Säure- und Verseifungszahl feststellt. Sollte über die Identität der Ware auf Grund obiger Daten oder äußeren Merkmale ein Zweifel auftauchen, so müssen auch die übrigen charakteristischen Daten des Fettes geprüft werden. Die Ursache, daß man die Menge der Gesamtfettsäuren nicht auf direktem Wege bestimmt, liegt darin, daß es vom Standpunkt des Betriebes wichtig ist, die Menge der einzelnen Schmutzstoffe zu kennen, da zuweilen spezielle Verunreinigungen vorliegen, die von Fall zu Fall berücksichtigt werden müssen.

Der Wassergehalt wird, falls kein trocknendes Öl vorliegt, durch Trocknen bei 105° bestimmt. Diese Methode kann beim Kokosfett und beim Palmkernöl bzw. bei Butterfett oder in Fettgemengen, die diese Bestandteile enthalten, nicht angewendet werden, da sie stets leichtfluchtige Fettsäuren enthalten; in diesem Falle, wie überhaupt bei Fettsäuren, kann nur das Destillationsverfahren angewendet werden (S. 39), welches den wahren Wassergehalt angibt, nicht aber die bei 105° flüchtigen Substanzen. In der Regel genügt es 3—5 g Substanz in einem ca. 15 cm^3 fassenden Porzellantiegel oder in einem kleinen Platintiegel 6 Stunden bei 105° zu trocknen, im Exsikkator auskühlen zu lassen und durch Wägung den Gewichtsverlust zu bestimmen. Ist dieser höher als 5%, trocknet man noch weitere 6 Stunden; wie schon erwähnt, geschieht das Trocknen bei Anwesenheit trocknender Fettsäuren im Stickstoff- oder Kohlensäurestrom (S. 38).

Nach der Wasserbestimmung nimmt man die Veraschung der Substanz vor und bestimmt den Aschegehalt im elektrischen Glühofen oder im Gebläse; bei Gegenwart von Alkalien benutzt man das Auslaugeverfahren. Die Aschebestandteile sind entweder einfach mechanisch dem Fett beigemischt, oder aber sie sind als Seife zugegen, z. B. im Knochenfett als Kalk- und Magnesiaseife.

Die Bestimmung der Menge des Unverseifbaren im Fette hat besondere Wichtigkeit, nicht nur weil es wertlos ist, sondern weil es seiner ganzen Menge nach in die Fettsäuren gelangt. Unverseifbare Bestandteile findet man in jedem Fett, in den tierischen Fetten ist stets der Cholesterin genannte Alkohol, in Pflanzenfetten hingegen des Phytosterin (zuweilen an Fettsäure gebunden) zugegen. Ihre Menge ist in natürlichen Fetten gering: im Talg 0,25%, im Palmöl $^1/_2$%, im Pflanzentalg 1%, im Knochenfett 0,75% usw., nur ausnahmsweise erhöht sich ihre Menge in diesen Fetten, hingegen finden sich in anderen Fetten, wie im Tran, in der Sheabutter, im Wollfett usw., stets größere Mengen Unverseifbares vor.

Zur Bestimmung des Unverseifbaren wird stets so viel Fett abgewogen, daß der abzuwiegende unverseifbare Teil ca. 0,1 g sein soll, daher wiegt man von den gewöhnlichen Fetten 10 g, von Fetten mit einem größeren Gehalt an Unverseifbarem entsprechend weniger ab. Das Abwiegen geschieht am besten in einem weithalsigen 150-kubikzentimetrigen Extraktionskolben, bei Abwiegen von 10 g Substanz mit Zentigrammgenauigkeit. Hierzu gießt man 50 cm³ Alkohol und so viel 50 proz. Kalilauge, als Gramme der Substanz abgewogen wurden, und kocht mit Rückflußkühler am elektrischen Heizgitter eine Stunde. Hat sich die alkoholische Seifenlösung ein wenig abgekühlt, schütten wir sie in einen 300 kubikzentimetrigen Scheidetrichter, waschen mit höchstens 50 cm³ Wasser nach, schütteln mit 80 cm³ unter 70° ganz überdestillierbaren Petroläther energisch aus, wobei man den Hahn des umgekehrten Scheidetrichters zeitweilig öffnet, damit sich die Dämpfe entfernen können. Nachdem sich die Schichten getrennt haben, läßt man die untere wässerig-alkoholische Seifenlösung in einen zweiten Scheidetrichter ab und schüttelt mit 50 cm³ Petroläther wieder aus. Die wässerig-alkoholische Lösung wird nun abgelassen, die zwei Petrolätherextrakte vereint, mit wenig Wasser dreimal ausgewaschen und in einem ungewogenen Kolben einige Stunden stehen gelassen. Inzwischen sammeln sich Wassertropfen, evtl. etwas Schmutz auf dem Boden des Kolbens, von welchem der kristallklare Petroläther in einen gewogenen Kolben geschüttet wird, aus welchem der Petroläther auf der elektrischen Heizplatte abdestilliert wird. Die Ätherdämpfe bläst man aus dem Kolben und trocknet bei 105° eine Stunde. Nach dem Auskühlen wiegt man.

Enthält das auf unverseifbaren Gehalt zu prüfende Fett mehr als 0,05% Asche, so entsteht beim Ausschütteln mit Petroläther eine hartnäckige Emulsion, oder aber es zeigt sich zwischen der Petroläther- und der Wasserschichte ein trüber Streifen, welcher die Abgrenzung der zwei Schichten behindert. In solchen Fällen muß das

Fett durch Kochen mit verdünnter Schwefelsäure oder Salzsäure aschefrei gemacht werden, dann wird es gewaschen und getrocknet. Einfacher und für Fabrikslaboratorien zweckmäßiger ist es, die Bestimmung des Nichtverseifbaren in den für die Titerbestimmung abgeschiedenen aschefreien Fettsäuren auszuführen. Durch Benutzung der aschefreien Fettsäuren begeht man einen Fehler von 5—6%, was bei ca. 1% Unverseifbarem noch innerhalb der Versuchsfehlergrenzen liegt und keine praktische Bedeutung hat. Bei einem größeren Gehalt an Unverseifbarem kann der Fehler, falls Asche- und Glyzeringehalt bekannt sind, leicht korrigiert werden, wie dies aus folgendem Beispiel ersichtlich ist:

	I	II
Unverseifbares in der Fettsäure	1,00%	2,50%
Wasser	0,90%	0,90%
Asche	0,75%	0,75%
Glyzerin	8,00%	8,00%
Gewichtsverlust infolge Entfernung des Glyzerins	3,33%	3,33%
Gewichtsverlust infolge Glyzerin, Wasser u. Asche	4,98%	4,98%
Unverseifbar in 104,98 g Fett = 100 g Fettsäure	1,00%	2,50%
Unverseifbar in 100 g Original-Rohfett	0,95%	2,38%
Verseifungszahl, V	196,6	198,2
Säurezahl, S	50,3	51,9

$$0{,}05466\,(\text{V-S}) = 8{,}0, \quad \text{V-S} = 146{,}3,$$

$$\text{Fettsäureausbeute } 100\left(1 - \frac{\text{V-S}}{4430}\right) = 96{,}67, \quad 100 - 96{,}67 = 3{,}33\%.$$

Die Bestimmung des Schmutzes geschieht in der gebräuchlichen Weise (S. 57).

b) **Die Kontrolle der zur Spaltung vorgereinigten Fette** erstreckt sich auf die Feststellung, ob sie frei von Asche, organischem Schmutz und Schwefelsäure sind, was angestrebt werden muß. Zur Bestimmung des Aschegehaltes werden ca. 20 g Fett verbrannt; der Aschegehalt soll 0,002% nicht übersteigen. Zur Prüfung auf organischen Schmutz füllt man von dem zu untersuchenden Fett ca. 20 g auf ein Filterpapier und läßt das Fett im Luftbad abfiltrieren, hernach wäscht man das Filterpapier mit wenig Benzol oder Benzin aus; bei gut abgesetztem Fett darf am Papier nichts verbleiben.

Um Schwefelsäure nachzuweisen, schüttet man das Fett mit dem gleichen Volumen warmen destillierten Wassers zusammen und prüft das Wasser mit Chlorbarium und Salzsäure auf Schwefelsäure.

Aus der Säure- und Verseifungszahl berechnet man den Gehalt an freien Fettsäuren und an Neutralfett, anderseits die Menge des Glyzerins (S. 19, 124).

c) Der Spaltungsgrad muß für eine jede Spaltung kontrolliert werden, zu welchem Zweck die der einzelnen Spaltung entsprechenden und mit laufender Nummer versehenen Proben dem Laboratorium zur Untersuchung eingeschickt werden. Stammt die Probe aus der azidifizierenden Spaltung, so nimmt man sie nach dem letzten Waschen, so daß die Fettsäuren schwefelsäurefrei sind und ohne jede Vorbereitung in Arbeit genommen werden können. Ähnlich ist der Fall bei der Twitchellschen Spaltung, wo man sich jedoch überzeugen muß, ob die Fettsäure wirklich schwefelsäurefrei ist. Die aus der Autoklavenspaltung herrührenden Proben muß man vorerst zur Zersetzung der Metallseifen mit Säure auskochen, was man in der Fabrik am zweckmäßigsten in einem halblitrigen, mit Dampfschlange versehenen Bleitopf ausführt. Nach dem Auskochen mit verdünnter Schwefelsäure kocht man die Fettsäure zur Entfernung der Schwefelsäure noch zweimal mit Wasser. Man läßt dann die gewaschene Fettsäure noch einige Zeit stehen, schüttet sie hernach in numerierte Gläschen. Da in großen Betrieben täglich sehr viel derartige Untersuchungen auszuführen sind, anderseits der Betrieb die Resultate rasch erhalten muß, begnügen wir uns mit der Feststellung der Säurezahl jeder einzelnen Probe, während die Verseifungszahl aus jeder Fettgattung täglich nur einmal bestimmt wird. Die Differenz der Verseifungs- und Säurezahl dividiert mit der Verseifungszahl gibt dann — mit großer Annäherung — die Menge des Neutralfettes. Bei Metallseifen bestimmt man täglich auch den Aschegehalt; einerseits um die Arbeiter zu kontrollieren, anderseits um einen Anhaltspunkt über die in das Glyzerin übergehende Asche zu erhalten.

Die chemische Kontrolle der einzelnen Spaltungsvorgänge ist unvermeidlich, was z. B. daraus klar hervorgeht, daß jeder im Autoklaven vorkommende Fehler (z. B. ein Rohrbruch) infolge der eintretenden schlechten Spaltung sogleich erkannt wird, während er ohne permanente Betriebskontrolle oft lange verborgen bleibt.

Geschah die Spaltung mit Azidifikation, ist es ratsam, auch die Menge der entstandenen festen Fettsäure zu ermitteln. Zu diesem Zwecke nimmt man von der Fettsäure vor der Azidifikation und nach dem Waschen eine Probe und bestimmt die Jodzahl. Das 1,11 fache der Jodzahlabnahme ergibt die Menge der entstandenen festen Ölsäure (S. 109).

d) Kontrolle der Zersetzung. Nach der Autoklavenspaltung zersetzt man die Metallseife mit verdünnter Schwefelsäure, dann kocht man öfter mit Wasser aus, so daß die Fettsäure asche- und säurefrei sein muß. Asche kann nach dem Kochen mit Säure nur in tausendstel Prozenten zugegen sein; so daß es überflüssig ist, hierauf zu prüfen. Auch Schwefelsäure bleibt nach dem Waschen nur in Spuren zurück, trotzdem ist es wichtig, auf ihre Anwesenheit zu prüfen, da z. B. bei der Stearinfabrikation auch Spuren von Schwefelsäure das vollständige Austrocknen der Fettsäuren behindern. Der Nachweis der Schwefelsäure wurde unter b) schon beschrieben.

Die Untersuchung des Glyzerinwassers gehört schon in das die Glyzerinfabrikation behandelnde Kapitel X. und wird dort beschrieben.

X. Glyzerinfabrikation.

1. Technologischer Teil.

Die Glyzerinlösungen gelangen in die Glyzerinfabrikation entweder aus der Fettspaltung oder aus der Seifenfabrikation; das sog. Fermentol- (Protol-) Glyzerin erzeugt man heute schon nicht mehr. Die aus der Fettspaltung hervorgehenden Glyzerinwässer sind verhältnismäßig rein, nur das aus der Schwefelsäurespaltung stammende Glyzerinwasser enthält etwas mehr Verunreinigungen, die in der aus der Seifenfabrikation stammenden Unterlage beträchtlich zunehmen. Die Verunreinigungen des aus der Autoklavenspaltung hervorgehenden Glyzerinwassers sind die gelösten Salze des benutzten Wassers, die bei Verwendung von Kondenswasser natürlich entfallen, dann die Seife der zur Spaltung benutzten Base, teils gelöst, teils emulgiert; bei Anwesenheit von Glyzerin lösen sich die Metallsalze leichter als im reinen Wasser. Welchen Ursprungs auch das Glyzerinwasser ist, enthält es nach durchgemachter Gährung Trimethylenglykol. Das aus der Twitchell-Spaltung stammende Glyzerinwasser enthält außer der Fettsäure noch Barium- und Kalksalze, in welchen die Verunreinigungen der Fette zugegen sein können. In der Unterlage finden sich neben einem großen Salzgehalt, namentlich neben Ätznatron und Soda, gelöste Seife und verschiedene organische Substanzen vor, besonders wenn nicht ausgeschmolzenes, sondern rohes Fett (z. B. Rohtalg) zum Seifensieden verwendet wurde. Die gelösten Seifen der Unterlauge sind die Natronsalze der aus Kokosfett oder aus Palmkernöl stammenden niederen Fettsäuren oder die Natronsalze der Harzsäuren. Da sich diese Säuren namentlich im warmen Wasser sehr gut lösen, ist zu ihrer Reinigung die Ansäuerung und darauffolgende Neutralisierung nicht genügend.

Das Glyzerinwasser ist zu reinigen, was den Zweck hat, daß das daraus hergestellte Rohglyzerin je weniger Asche und organischen Schmutz enthalte und daß seine Farbe nach dem Eindampfen womöglich hell sei. Das aus der Autoklavenspaltung stammende Wasser läßt man stehen, damit es ganz emulsionsfrei sein soll; falls notwendig, läßt man es durch eine Scheidezentrifuge hindurchgehen. Das Glyzerinwasser enthält gelöste freie Säuren, gelöste Metallseifen und Salze. Das Glyzerinwasser ist infolge der gelösten Fettsäuren in der Regel sauer, trotzdem versetzt man es im kochenden Zustand mit wenig verdünnter Schwefelsäure zur Zersetzung der Metallseifen. Man nimmt nur wenig Schwefelsäure mehr, als theoretisch notwendig, und bestimmt zu diesem Zwecke die Menge der zu zersetzenden Seife (S. 94). Das Kochen geschieht in der Regel mit offener Schlange, obwohl sich hierdurch das Glyzerinwasser ein wenig verdünnt, das Vermischen aber ist vollkommener. Der Wärmeverlust läßt sich leicht ersetzen bei Benutzung eines Vakuumapparates, welcher mit besserem Effekt arbeitet als die geschlossene Schlange. Das sauere Glyzerinwasser läßt man einige Zeit stehen, damit sich die Fettsäure an der Oberfläche ansammle, man schöpft ab und läßt es dann durch einen Fettfänger und durch die Filterpresse. Das filtrierte Glyzerinwasser gelangt hernach in einen zweiten Holzbottich, wo man es mit offenem Dampf gut durchkocht und dann die noch in Lösung verbliebenen Fettsäuren mit Kalk neutralisiert. Das Glyzerinwasser soll entweder ganz neutral oder ganz schwach alkalisch sein. Das saure Glyzerinwasser gibt ein freie Fettsäure enthaltendes Rohglyzerin, welches bei der Destillation ins Destillat gelangt und ein wolkiges destilliertes Glyzerin ergibt. Anderseits darf das Glyzerinwasser auch nicht stark alkalisch sein. Es enthält nämlich nur 10—15% Glyzerin, so daß sich die Alkalizität und der Aschegehalt beim Eindampfen auf 85% auf das 6—7fache erhöht; stark alkalisches Glyzerin führt bei hoher Destillationstemperatur zur Bildung von Polyglyzerin und zu einer hohen Goudronmenge, d. h. zu Verlusten. Das neutralisierte Glyzerinwasser filtriert man wieder durch eine direkt zu diesem Zwecke dienende Filterpresse, worauf es zum Eindampfen gelangt, vorher aber wird das Glyzerinwasser geprüft.

Bei der Reinigung muß die zur Fettspaltung benutzte Base berücksichtigt werden, die Kalk, Magnesia oder Zink sein kann, letzteres in Form von Oxyd oder Metallzink. Kalk wird zur Spaltung kaum mehr benutzt, höchstens dort, wo infolge lokaler Verhältnisse die Salzsäure sehr billig ist. Wurde zur Spaltung des Fettes Kalk verwendet, bleibt das Versetzen des Glyzerinwassers mit Schwefelsäure weg, und man reinigt das gut abgesetzte Wasser unmittelbar mit Kalk, in welchem Fall das Glyzerinwasser kristallklar wird. Das Glyzerinwasser der Magnesiaspaltung reinigt man in der beschriebenen Art, in welchem Fall bei der Kalkreinigung das entstandene Magnesiumsulfat zu Magnesiumhydroxyd und Gips wird, welch letzteres im Glyzerinwasser besser löslich ist als im reinen Wasser. Bei einer Fettspaltung mit Zink oder Zinkhydroxyd ist die minimale Alkalizität um so wichtiger, da der überschüssige Kalk das schon ausgeschiedene Zinkhydroxyd wieder löst, wodurch der Aschegehalt zweifach anwächst.

Das Eindampfen des Glyzerinwassers geschieht in jedem größeren Betrieb im Vakuum. In dem Maße, als die Konzentration des Glyzerinwassers zunimmt, sinkt seine hauptsächlich vom Wasser stammende Dampfspannung, der Siedepunkt des ursprünglich niedriger siedenden Glyzerinwassers steigt, und es erhöht sich das Vakuum im Apparat. Durch Beobachten des Thermometers und des Vakuummeters sind wir daher über die Konzentration des Rohglyzerins stets orientiert. Nach dem Eindampfen ist das Rohglyzerin noch nicht fertig, denn durch die Eindickung scheiden sich Gips und schleimige organische Substanzen ab, weshalb es noch heiß abfiltriert wird. Das Rohglyzerin wird im Laboratorium ständig kontrolliert.

Die aus der azidifizierenden Spaltung stammenden Glyzerinwässer enthalten neben der freien Schwefelsäure noch viel organischen Schmutz, da man zu dieser Spaltung hauptsächlich dunkle Fette minderer Qualität benutzt, die nicht oder nur schwach vorgereinigt wurden. Das schwefelsäurige Glyzerinwasser wird nach gehörigem Absetzen mit Kalk neutralisiert, filtriert und in einem besonderen Behälter kochend so lange mit Aluminiumsulfat versetzt, bis die entnommene Probe mit einer kleinen Portion des Reagens schon keinen Niederschlag mehr erzeugt. Der ausgeschiedene Aluminiumhydroxydniederschlag reißt auch einen Teil des organischen Schmutzes mit sich. Nach dem Absetzen und Filtrieren neutralisiert man die vom Aluminiumsulfat sauere Lösung, wodurch sich der Überschuß des Aluminiums ausscheidet; die Alkalinität soll auch hier minimal sein aus denselben Ursachen, wie vorher schon angegeben.

Das Glyzerinwasser der Twitchellspaltung erübrigt in der Regel nur Neutralisation und Filtrieren.

Das aus der fermentativen Spaltung hervorgehende Glyzerinwasser wird ebenfalls durch Neutralisierung mit Kalk und Filtrieren gereinigt.

Das aus der Krebitzschen Seifenfabrikation stammende Glyzerinwasser ist demgegenüber alkalisch, da es Kalkhydrat und

Kalkseife enthält. Ist die Menge des Kalkhydrates, was in der Regel der Fall ist, nicht zu groß, so kann man unmittelbar mit Aluminiumsulfat reinigen. Dies ist aber nur dann notwendig, wenn unreine Fette verarbeitet wurden, sonst ist häufig eine Reinigung überhaupt nicht erforderlich, oder aber man säuert mit wenig Schwefelsäure an, filtriert und neutralisiert wieder mit Kalk das Glyzerinwasser. Das entstehende Rohglyzerin ist klar und hell.

Aufarbeiten der Unterlaugen.

Die Unterlauge enthält sehr viel fremde Schmutzstoffe, namentlich viel Kochsalz, zumeist auch Soda, wenig Ätznatron, Seife und organischen Schmutz, der von den Schmutzstoffen des Fettes stammt. Die viel Seife enthaltende Unterlauge erstarrt in der Kälte gallerteartig, was aber nicht immer auf den Seifengehalt zurückzuführen ist. Der Seifensieder entfernt zur Vermeidung von Verlusten aus der Unterlauge durch „Ausstehen" womöglich vollständig Ätznatron und Soda, die Seife durch Aussalzen (S. 121); dagegen die Natronsalze der Fettsäuren mit niederem Molekelgewicht, dann die der Oxyfettsäuren und einzelner Harzsäuren können jedoch nicht ganz ausgesalzen werden.

Dem Reinigen der Unterlaugen geht die Entfernung des beim Absetzen ausgeschiedenen Niederschlages (Seifen usw.) voraus. Die Unterlauge läßt man in einen Holzbottich fließen, der mit Rührgebläse versehen ist. Die Alkalinität der Unterlauge wird nach S. 94 bestimmt. In die zum Sieden erhitzte Flüssigkeit wird in kleinen Portionen so viel arsenfreie verdünnte Salzsäure fließen gelassen, die mit 80% der durch Titrierung bestimmten Alkalinität äquivalent ist. Das als Indikator benutzte Phenolphthalein entfärbt sich nämlich in der kalten Flüssigkeit schon dann, wenn das Natriumhydroxyd ganz neutralisiert, die Soda aber in $NaHCO_3$ umgesetzt ist. Der Titrierungswert enthält außerdem auch die zur Zersetzung eines kleinen Teiles der Seife notwendige Säure, weshalb man nur 80% der durch die Maßanalyse festgestellten Menge Salzsäure verwendet. Durch das Kochen übergeht das $NaHCO_3$ in Soda und bindet wieder die teilweise freigewordenen Fettsäuren, dann verbleibt auch freie Soda. Zur Unterlauge gibt man konz. Aluminiumsulfatlösung in kleinen Portionen, wobei die infolge Hydrolyse ein wenig saure Lösung aus der Unterlauge einesteils Kohlensäure frei macht, anderseits mit der Soda reagierend kolloidales Aluminiumhydroxyd abscheidet, das einen Teil des Schmutzes mit sich reißt. Vom Aluminiumsulfat gibt man so viel zur Unterlauge unter ständigem Kochen und ununterbrochener Luftrührung, bis eine filtrierte Probe mit Aluminiumsulfat keinen weiteren Niederschlag mehr gibt. Hierauf filtriert man die Flüssigkeit und macht sie mit Kalkmilch oder Soda ganz schwach alkalisch, so daß die Alkalinität mit einer 0,01 proz. Sodalösung äquivalent sei, und filtriert vom ausgeschiedenen Niederschlag, welcher aus Aluminiumhydroxyd bzw. bei Verwendung von Kalk auch aus etwas Gips besteht, ab. Die Alkalinität der Flüssigkeit kontrolliert man noch vor dem Filtrieren.

Die gereinigte Unterlauge wird in ähnlicher Weise eingedampft wie das Glyzerinwasser, jedoch in einem Apparat, der zur zeitweiligen oder kontinuierlichen Entfernung des Salzes eingerichtet ist.

Das Rohglyzerin ist in dieser Form nur zu wenigen industriellen Zwecken verwendbar. Früher verwendete man das Rohglyzerin überhaupt nicht, sondern nur das destillierte Glyzerin, was eigentlich ein großer Luxus ist. Das Rohglyzerin wird raffiniert oder destilliert. Das raffinierte Glyzerin ist eigentlich nichts anderes als entfärbtes Rohglyzerin, welches auch geruchlos wurde. Zum Entfärben verwendet man in der Regel entfärbende Kohle (Noir épuré, Carboraffin usw.), mit welcher das Rohglyzerin bei 80 bis 90° mechanisch oder durch Lufteinblasen gerührt wird, sodann filtriert man es auf einer Filterpresse, welcher Vorgang nach Bedarf wiederholt wird. Das raffinierte Glyzerin ist um so heller, je heller das Rohglyzerin ursprünglich war.

Destillierte Glyzerine stellt man derart her, daß das auf 30 bis 31° Bé eingedampfte Rohglyzerin mit überhitztem Wasserdampf im Vakuum destilliert wird. Das destillierte Glyzerin ist schwach gelb, zeigt ein spez. Gew. von 28—31° Bé, ist fast ganz geruchlos und entspricht, wenn das Rohglyzerin gut erzeugt wurde und die Destillation fehlerlos vor sich ging, in der Regel den strengsten Vorschriften. Die Destillation geschieht heute zumeist in Vakuumapparaten, die dem Ruymbeke-Prinzip entsprechen. Falls nämlich der gesättigte Wasserdampf ins Vakuum gelangt, kühlt er sich infolge der starken Expansion sehr ab, oder aber er schlägt sich evtl. in flüssiger Form nieder, so daß er zur Destillation ungeeignet ist. Der Dampf muß deshalb vorher auf eine Temperatur erhitzt werden, daß er auch nach der Expansion genügende Temperatur, ca. 180°, haben soll, was mit direkt heizbaren Überhitzern nur sehr schwer erreichbar ist. Ruymbeke erhitzt daher den expandierenden Dampf mit gesättigtem Dampf von großem Druck (12—14 Atm.). Der ganze Destillierapparat ist aus Abb. 28 ersichtlich. Der 12atmosphärige gesättigte oder schwach überhitzte Dampf strömt durch die Hauptleitung *a*, Abzweigungsrohr *b* und Ventil *c* in die geschlossene Dampfschlange *d* der Retorte, wo sich das zu destillierende Glyzerin auf 180—190° erhitzt.

Der hochgespannte Dampf gelangt aus der Schlange *d* durch Rohr *e* in den Überhitzer, von wo aus der zu überhitzende Dampf durch Rohr *h* und Ventil *g*, entlang der geschlossenen Dampfschlange g_1, der Rohre *i* und *j* durch Brause *k* in die Retorte gelangt. Je näher der durch Rohr *g* strömende Dampf zur Retorte gelangt, um so mehr kühlt er sich ab, jedoch der im Überhitzer vorhandene hochgespannte und eine hohe Temperatur aufweisende gesättigte Dampf erhitzt ihn wieder auf die ursprüngliche Temperatur. Ein Teil des gespannten Dampfes kondensiert sich, und das Kondenswasser wird

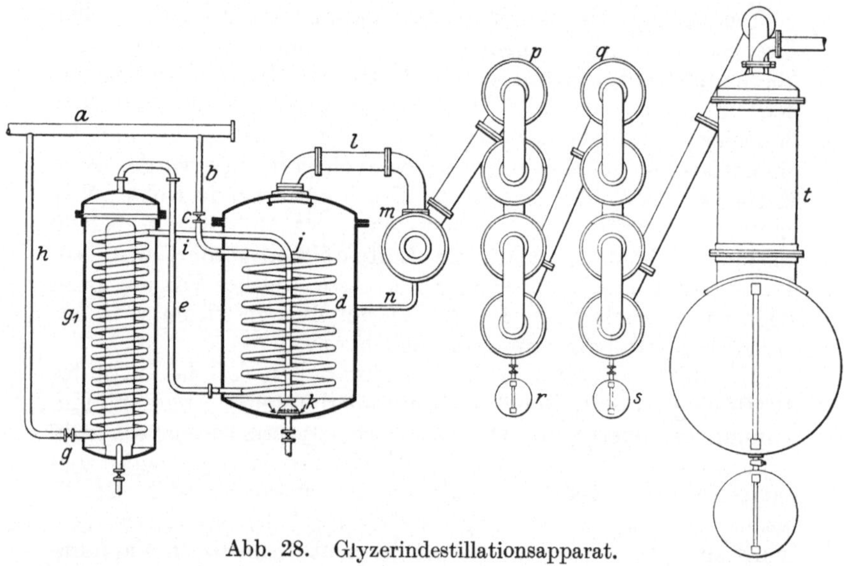

Abb. 28. Glyzerindestillationsapparat.

durch Rohr *f* mit Hilfe eines Kondensgefäßes abgeleitet. Der durch Brause *k* in die Retorte strömende Dampf erhöht des partielle Vakuum des Glyzerins, das Gemenge von Wasser- und Glyzerindampf gelangt durch das Übersteigrohr *l* in den Schaumfänger *m*, dessen Aufgabe es ist, die evtl. übergelaufene oder mitgerissene Flüssigkeit zurückzuhalten und durch Rohr *n* in die Retorte zurückzuleiten. Das Gemenge von Wasser- und Glyzerindampf wandert auf dem langen und gewundenen Weg der Kolonnen *p* und *q*. Die Kolonnen kühlen sich infolge Ausstrahlung ab; ihre Oberfläche ist so dimensioniert, daß sich das Glyzerin kondensiert, das Wasser nicht. Da im Destillierapparat ein Vakuum mindestens 70 cm ist und der Wasserdampf bei ca. 42° 60 cm Dampfdruck hat, kann letzterer nicht kondensieren, solange die Temperatur der Kolonnen 42° übersteigt. Arbeitet hingegen die Luftpumpe aus irgendeinem Grunde schlecht, so daß das Vakuum nur 65 cm beträgt, so entspricht 76 — 65 = 11 cm Dampfdruck einer Temperatur von 55°. Da jedoch die Oberfläche des Apparates auf 42° dimensioniert ist, kühlt sie sich auf der Mitteltemperatur auch so weit ab, daß sich die dem 11 — 6 = 5 cm Dampfdruck entsprechende Wassermenge kondensiert und das Glyzerin schwächer wird. Die Kolonne *p* liegt neben der Retorte und ist daher wärmer als die weiter montierte Retorte *q*, das Glyzerin ist daher in der Vorlage *r* stärker als in der Vorlage *s*. Soll auch in letzterer konzentrierteres Glyzerin erhalten werden, so muß entweder das Vakuum verstärkt werden oder in den Überhitzer und dadurch in die Retorte mehr Dampf eingelassen werden, oder aber die Lokalität muß wärmer gehalten werden, damit der Apparat weniger abkühlen kann und seine Temperatur sich erhöht. Dies kann aber nur innerhalb sehr enger Grenzen geschehen, da Glyzerindampf sehr leicht in den mit Wasser gekühlten Kondensator *t* gelangt, wo sich der Wasserdampf kondensiert, während bei normalem Betrieb das sich hier kondensierende Wasser nur $^1/_2$% Glyzerin enthält. Zusammen mit dem Wasser kondensieren sich hier Teile der mitdestillierten organischen Substanzen, weshalb dieses Wasser eingedampft häufig dunkel ist und ein Glyzerin vom Rohglyzerincharakter gibt. Mit diesem Wasser pflegt man das in der Retorte zurückbleibende „Glyzerin-Goudron“ auszukochen, um das darin zurückbleibende Glyzerin zurückzugewinnen.

Das destillierte Glyzerin ist in der Regel schwach gelb, häufig sogar, bei gutem Rohmaterial, fast farblos. Ganz wasserhelles Glyzerin erhält man, wenn man das destillierte Glyzerin mit Entfärbungspulver (kohlenstoffhaltig) bei 80—90° vermischt und dann filtriert. War das Entfärbungspulver mit Salzsäure und destilliertem Wasser ausgekocht und enthielt es keine organischen Schmutzstoffe, schadet es nicht der Qualität des Glyzerins, in der Regel aber nimmt es daraus etwas organische und anorganische Substanzen zu sich, so daß das Glyzerin noch ein zweites Mal destilliert werden muß.

Einteilung der Handelsglyzerine.

I. Rohglyzerine.

a) Saponofikat Rohglyzerin, das aus Autoklaven-, Twitchell-, Krebitz- und Fermentativspaltung stammt. Nach dem internationalen Standard enthält es mindestens 88% Glyzerin, höchstens 0,5% Asche (den alkalifreien Teil der Asche als Oxyd gewogen) und maximal 1% organischen Schmutz.

b) Azidifikationsglyzerin, das aus Spaltung der Fette mit Schwefelsäure entsteht. Bei besserer Qualität bleibt der Aschegehalt unter 1,5%, häufig ist er aber 5% und noch mehr, der Glyzeringehalt beträgt 80—85%.

c) Unterlaugenrohglyzerin wird aus gereinigter Unterlauge erzeugt. Nach den internationalen Usancen beträgt sein Glyzeringehalt wenigstens 80%, der Aschegehalt maximal 10%, Gehalt an organischem Schmutz höchstens 3%.

II. Raffiniertes Glyzerin.

a) Dynamitglyzerin. Dies ist ein destilliertes Glyzerin von 1,261 spez. Gewicht (bei 15,5°), welches sonst den Erfordernissen (S. 95) entspricht.

b) Kalk- und säurefreies Glyzerin ist ein einmal destilliertes, blaßgelbes Glyzerin mit einer Dichte von 24—28° Bé.

c) Weiße Glyzerine:

1. Chemice purum, 24—30° Bé dichte Glyzerine sind in der Regel zweimal destillierte, ganz farblose Glyzerine, aschefrei und frei von Chlor, Säure und reduzierenden Substanzen.

2. Purum album weist ebenfalls 24—30° Bé auf und ist von ganz derselben Qualität wie das Glyzerin chemice purum, nur ist seine Farbe um eine Nuance gelblicher.

Die spez. Gewichte der Glyzerine. Nach internationaler Vereinbarung entsprechen:

31° Bé	einem	spez.	Gewicht	von	1,260
30° „	„	„	„	„	1,250
28° „	„	„	„	„	1,230
26° „	„	„	„	„	1,210
24° „	„	„	„	„	1,190

2. Chemische Betriebskontrolle.

a) Untersuchung der Rohmaterialien. Die einlangenden Rohmaterialien (Glyzerinwasser, Rohglyzerin, Unterlauge, Unterlaugenrohglyzerin usw.) werden auf Glyzeringehalt, Aschegehalt, Qualität der Asche, spez. Gewicht, Rohglyzerine auch auf Gehalt an organischem Schmutz untersucht.

Bestimmung des Glyzeringehaltes. Die beste und heute schon allgemein gebräuchliche Methode ist die Steinfelssche Modifikation des Bichromatverfahrens. Zu seiner Ausführung wiegt man in einen Meßkolben von 200 cm³ so viel Unterlauge, Glyzerinwasser oder Rohglyzerin ab, daß der Gehalt an reinem Glyzerin der zu prüfenden Substanz 2 g nicht übersteigt. Die abgewogene Flüssigkeit verdünnt man mit 20 cm³ dest. Wasser und gibt unter fortgesetztem Umschwenken 10 cm³ 10proz. Zinkchloridlösung hinzu, füllt bis zur Marke und schüttelt sehr gut durch. Nach Absetzen des Niederschlages filtriert man durch ein trockenes Faltenfilter einen Teil der Flüssigkeit, pipettiert 20 cm³ des Filtrates in einen 500 cm³ fassenden Meßkolben, gibt 25 cm³ Bichromatlösung — 74,86 g reines, öfters umkristallisiertes, trockenes Bichromat in Wasser aufgelöst und zu 1 l verdünnt — und 50 cm³ einer Schwefelsäure, die im Liter 250 g enthält, in der Weise hinzu, daß mit der Schwefelsäure die inneren Wände des Kolbens abgespült werden. Nach starkem Umschwenken des Kolbens stellt man ihn auf 2 Stunden auf das stark siedende Wasserbad, kühlt dann ab und verdünnt bei gründlichem Durchschütteln bis zur Marke. Zur Bestimmung des Bichromatüberschusses pipettiert man 50 cm³ der Flüssigkeit in einen Glaskolben, verdünnt mit 250 cm³ Wasser, versetzt mit 2 g Jodkali und titriert nach Hinzufügen von 25 cm³ 20proz. Salzsäure mit $^{n}/_{10}$-Thiosulfat. Der Titer der Bichromatlösung muß bei sorgfältiger Aufbewahrung nicht in jedem Fall kontrolliert werden. Zur Bestimmung des Titers der Bichromatlösung werden als blinder Versuch 25 cm³ Bichromatlösung und 50 cm³ obiger Schwefelsäure parallel mit der Glyzerinlösung in ganz derselben Weise gewärmt, abgekühlt und bis zum Strich verdünnt, worauf 50 cm³ in der oben beschriebenen Weise mit Thiosulfat titriert werden. 0,012692 g J = 0,00065757 g Glyzerin.

Es wurde z. B. 10,460 g Unterlauge abgewogen. Zur Titrierung von 50 ccm der oxydierten Lösung (= 0,1046 g) wurden 13,20 ccm Thiosulfatlösung verbraucht, deren log-Faktor 0,1691 — 2 ist; 50 cm³ der Blindprobe verbrauchten 31,81 cm³ Thiosulfat. Das Glyzerin erforderte daher eine mit 31,81 — 13,20 = 18,61 cm³ Thiosulfat äquivalente Bichromatmenge. Da

$$\log 100 \frac{\text{Glyz.}}{J} = \log 100 \frac{0{,}0006576}{0{,}01269} = 0{,}7145$$

ist, geschieht die Berechnung in folgender Weise:

Thios.-Faktor	0,1691 — 2
log 18,61	1,2697
log Fakt. Glyz./J	0,7145
	2,1533 — 2
log 0,1046 g	0,0195 + 1
	2,1338 — 1 = 1,1338,
	antilog = 13,61%.

Ist in der Glyzerinlösung (durch Gärung entstandenes) Trimethylenglykol zugegen, so gibt dieses Verfahren auch das Trimethylenglykol als Glyzerin an, was einen um so größeren Fehler verursacht, da die Oxydation der letzteren Verbindung mehr Sauerstoff (Bichromat) erfordert als das Glyzerin, wie dies aus folgenden chemischen Gleichungen ersichtlich ist:

$$C_3H_5(OH)_3 + 7\,O = 3\,CO_2 + 4\,H_2O$$
$$C_3H_6(OH)_2 + 8\,O = 3\,CO_2 + 4\,H_2O\,.$$

Hat man also auf Trimethylenglykol Verdacht, so muß der Glyzeringehalt außer dem Bichromatverfahren auch mit der Azetinmethode bestimmt werden, da letztere nur den Hydroxylgehalt feststellt. Bei Gegenwart von Trimethylenglykol gibt diese Methode kleinere Werte als das Bichromatverfahren, so daß aus dem Unterschied der zweierlei Analysen die Menge des Trimethylenglykols berechnet werden kann. Etwas komplizierter ist das Verfahren von Fachini und Somazzi, die das Glyzerin einesteils mit Bichromat bestimmen, anderseits die Menge der sich entwickelnden Kohlensäure wiegen[1]). Die Azetinmethode ist in den Fachlehrbüchern beschrieben.

Zur Aschebestimmung wird das Rohglyzerin in einer Platinschale unmittelbar verbrannt und die Asche zu Oxyd geglüht, gewogen. Sind Alkalien zugegen, laugt man diese vor dem Glühen aus und verdampft sie hernach auf der ausgeglühten Asche, glüht sehr schwach und wiegt. Vom Glyzerinwasser werden 50—100 g eingedampft und verbrannt. Wird dieser Aschegehalt auf 88er Rohglyzerin umgerechnet, erhält man den Aschegehalt des ohne Reinigung eingedampften Glyzerinwassers. Dieses Verfahren ist auf Unterlauge, wo sich ein Teil der Asche (des Salzes) ausscheidet, nicht anwendbar.

Zur Bestimmung des organischen Schmutzes wird vom Rohglyzerin, falls es nicht sauer reagiert, ca. 1 g in eine flache Platinschale abgewogen. Ebensoviel wird von alkalischen Glyzerinwässern abgewogen, die kein freies Hydroxyd enthalten. Reagiert das Rohglyzerin oder das Glyzerinwasser sauer, wiegt man eine ca. 10 g Glyzerin enthaltende Menge in einen 100 cm³ enthaltenden Meßkolben, macht mit einer bekannten Menge von normaler Sodalösung schwach alkalisch — wodurch die flüchtigen organischen Säuren gebunden werden — und verdünnt bis zum Strich. Von dieser Lösung verdampft man 10 cm³ in einer Platinschale vorerst am Wasserbade, dann im Luftbade bei 160°. Nach Verflüchtigung des Glyzerins befeuchtet man mit 1 cm³ dest. Wasser, dampft ein und trocknet im Luftbad bei 160° eine Stunde. Der Rückstand ist der organische Schmutz + Asche, wovon die Asche und die evtl.

[1]) Zeitschr. d. dtsch. Öl- u. Fettindustrie 1924, S. 109.

hinzugegebene Soda abgezogen werden. Der organische Schmutz wird nun auf einen Glyzeringehalt von 88% umgerechnet, wodurch man den organischen Schmutzgehalt des Rohglyzerins erhält, der aus ohne Reinigen eingedampftem Glyzerinwasser hergestellt wurde. Ist dieser Wert gering, wie z. B. beim Krebitzschen Glyzerinwasser, so ist ein Reinigen des Glyzerinwassers überflüssig.

b) Kontrolle der Reinigung des Glyzerinwassers. Die Glyzerinwässer sind trotz ihres Gehaltes an Metallseifen in der Regel sauer wegen der im Wasser gelösten Säuren, die Unterlauge ist zumeist alkalisch. Zur Reinigung des Glyzerinwassers trachtet man, die ganze Seifenmenge zu zersetzen, bei der Unterlauge ist dies überflüssig.

α) Reinigung des Glyzerinwassers. Vorerst wird die zur Zersetzung der Seife notwendige Säuremenge derart festgestellt, daß man 25—100 cm³ Glyzerinwasser nach vorhergehender Filtrierung mit $^n/_2$-Salzsäure bis Eintritt roter Färbung als Indikator verwendeten Methylorange titriert. Die dieser Titrierung entsprechende Säuremenge wird zur Zersetzung im Betrieb verwendet. Es seien z. B. im Holzbottich 75 g Glyzerinwasser vom spez. Gew. 1,021, wovon 50 cm³ zur Neutralisierung 2,17 cm³ Säure mit Faktor 0,5090-2 erforderten.

log 2,17	0,3365
log f	0,4090 — 2
log 2	0,3010
	0,0465 — 1
log 1,021	0,0090
Antilog	0,0375 — 1
ist gleich	0,1090 g KOH,

es ist daher die äquivalente Säuremenge zur Zersetzung von 100 g Glyzerinwasser notwendig, zur Zersetzung 75 q daher eine Säuremenge, die 8,175 kg KOH äquivalent ist, das sind 7,147 kg 100 proz. oder 28,6 kg 25 proz. Schwefelsäure.

Das angesäuerte, aufgekochte und filtrierte Glyzerinwasser hat eigentlich nur von den organischen Säuren eine saure Reaktion; letztere scheiden sich bei der Neutralisierung mit Kalk mit einem Teil des organischen Schmutzes zumeist ab. Vor dem Filtrieren wird im Laboratorium die Alkalizität einer kleinen filtrierten Probe bestimmt, sie darf pro 100 cm³ höchstens mit 0,01 g Kalk äquivalent sein.

Die Untersuchung des eingedampften fertigen Glyzerins wurde schon beschrieben.

Unterlauge. Vor dem Reinigen werden 5—25 cm^3 der Unterlauge bei Benutzung von Phenolphthalein als Indikator kalt titriert, wobei das Ätznatron und die Hälfte der Soda neben einem geringen Teil der Seife titriert werden. Man kocht nur die Unterlauge mit 80% der dieser Alkalinität äquivalenten Säure, wobei die Seife und die übrigbleibende Alkalizität mit der hinzugefügten Aluminiumszulfatlösung einen Niederschlag geben; man fügt vom Reagens so viel hinzu, bis eine filtrierte kleine Probe mit neuerlicher Aluminiumsulfatlösung keinen weiteren Niederschlag mehr gibt. Obwohl die notwendige Aluminiumsulfatmenge auch auf Grund der Laboratoriumsprobe hinzugefügt werden kann, ist es besser, die Probe wegzulassen und die notwendige Menge beim Bottich selbst festzustellen. Nach Filtrieren neutralisiert man die Unterlauge neuerdings mit Soda und kontrolliert, daß die Alkalinität pro 100 cm^3 nicht mehr als 0,02 g Soda sei. 100 cm^3 neutralisierte Unterlauge werden bei Methylorange-Indizierung mit $^{n}/_{10}$-Salzsäure titriert.

β) **Raffiniertes Glyzerin.** Die Menge des zur Raffinierung der hellen Glyzerine notwendigen Entfärbungs-Kohlenpulvers wird durch einen Probeversuch festgestellt. 200 g Glyzerin werden mit der auf S. 45 beschriebenen Einrichtung mit etwas weniger Pulver, als wahrscheinlich notwendig sein dürfte, bei 90° eine Viertelstunde gemischt und filtriert. Ist die Wirkung nicht genügend, wiederholt man den Vorgang mit dieser Menge so oft, bis die Wirkung entsprechend ist.

Glyzerin- und Aschegehalt der raffinierten Glyzerine bestimmt man in derselben Weise wie beim Rohglyzerin. Zur genauen Bestimmung des spez. Gewichtes ist es am besten, ein großes Aräometer zu benutzen, das auch die vierte Dezimale angibt. Die Benutzung eines derartigen Aräometers benötigt wohl viel Glyzerin, was aber in einer Glyzerinfabrik kein Hindernis bildet. Zur Korrigierung des nicht bei der Normaltemperatur (20°) bestimmten spez. Gewichtes wird pro 1° Temperaturdifferenz eine Korrektur von 0,00058 angewendet, die man zur abgelesenen Temperatur hinzugibt, wenn sie die Normaltemperatur übersteigt, oder aber abzieht, wenn man unter 20° abgelesen hat. Die Temperatur muß hierbei mit mindestens 0,2° Genauigkeit abgelesen werden. Da dieses Aräometer ohnehin sehr lang ist, wird es auf zwei Teile geteilt, ein Aräometer mit Einteilung von 1,2100—1,2400 dient für dünnere, das andere mit Einteilung von 1,2400—1,2700 für dichtere Glyzerine.

γ) **Destilliertes Glyzerin.** 1. Das Dynamitglyzerin ist blaßgelb, von schwachem Geruch. Sein spez. Gewicht ist bei 15,5° mindestens 1,261. Die Bestimmung des spez. Gewichtes ist sehr wichtig und geschieht am zweckmäßigsten mit dem oben erwähnten großen Aräometer. Kalk und Schwefelsäure darf nicht zugegen sein, Chlorid und Arsen nur in sehr schwachen Spuren. Auf reduzierende Substanzen prüft man in der Weise, daß 1 cm^3 Glyzerin mit zweimal soviel dest. Wasser verdünnt mit einigen Tropfen 5 proz. Silbernitratlösung gut zusammengeschüttelt wird; bei Abwesenheit reduzierender Substanzen darf die Glyzerinlösung in 10 Minuten nicht braun oder schwarz werden. Der Aschegehalt des Glyzerins darf nicht mehr sein als 0,05%. Diesen Bedingungen entspricht das gehörig erzeugte Dynamitglyzerin immer.

Da das minimale spez. Gewicht des Dynamitglyzerins unbedingt erreicht werden muß, hingegen aber Glyzerin mit höherem spez. Gewicht womöglich nicht geliefert wird, verdünnt man das aus der Destillationsvorlage kommende und in der Regel dichtere Glyzerin mit dest. Wasser. Zu diesem Zwecke benutzt man in der Regel einen 1 m^3 fassenden Behälter, in dem man nahe dem oberen Rand einen Index anbringt, und bestimmt das entsprechende Volumen. In diesem Behälter sammelt man die destillierten Glyzerine; füllt sich der Behälter bis zum Index, mischt man sehr gut durch und bestimmt das spez. Gewicht auf 4 Dezimale genau. Ist die Temperatur nicht 15,5°, sondern t, so reduziert man sie auf 15,5° in der Weise, daß man zum spez. Gewicht das Multiplikat $(t - 15{,}5)\ 0{,}00058$ hinzuaddiert. Geschah die Bestimmung des spez. Gewichtes bei einer höheren Temperatur als 15,5°, ist der Wert des Multiplikats positiv, da das spez. Gewicht des Glyzerins bei 15,5° höher gewesen wäre, im entgegengesetzten Fall ist das Multiplikat vom abgelesenen Wert abzuziehen, da doch die Bestimmung bei 15,5° einen niedrigeren Wert ergeben hätte. Auf Grund des genau bestimmten spez. Gewichtes kann die Wassermenge berechnet werden, mit welcher verdünnt das Glyzerin das gewünschte spez. Gewicht (in unserem Falle 1,261) aufweisen würde, wobei man die Kontraktion nicht berücksichtigt. Nach Hinzugabe des Wassers und sehr gutem Vermischen nimmt man wieder eine Probe und bestimmt das spez. Gewicht. Ist dieses höher als 1,2612, aber kleiner als 1,2616, entspricht das spez. Gewicht des Glyzerins, und dieser Wert wird notiert. Hat man eine gehörige Anzahl derartiger Werte, faßt man sie in eine Tabelle zusammen, mit deren Hilfe die Verdünnung des Glyzerins, ohne in jedem einzelnen Fall berechnet zu werden unmittelbar abgelesen werden kann.

Nehmen wir z. B. an, daß das große Aräometer bei 21,2° ein spez. Gewicht von 1,2586 zeigt; die Korrektion (c) ist gleich: $c = (21{,}2 - 15{,}5) \cdot 0{,}00056 = 5{,}7 \cdot 0{,}00056 = +0{,}0033$, bei 15,5° ist daher das spez. Gewicht 1,2619. Gehen in den Behälter bis zum Index 1135 l hinein, so ist das Gewicht des Glyzerins $1135 \times 1{,}2619 = 1428{,}5$ kg, welches bei 15,5° ein spez. Gewicht von 1,2619 zeigt; wollen wir letzteres auf 1,2614 herabsetzen, benötigt man hierzu x kg Wasser in der Weise, daß das spez. Gewicht bei 15,5° 1,2614 sei bzw. die Temperatur des Glyzerins im Behälter 21,2° ist, so beträgt bei dieser Temperatur das spez. Gewicht:

$$1{,}2614 = x + (21{,}2 - 15{,}5) \cdot 0{,}00058\,,$$
$$1{,}2614 = x + 0{,}0033\,,$$
$$x = 1{,}2614 - 0{,}0033 = 1{,}2581\,.$$

Auf diese Weise ist

$$S_{21,2^\circ} = \frac{m}{v} = \frac{1428{,}5 + x}{1135 + x} = 1{,}2581\,.$$

Aus obiger Gleichung ist x = 2,2 kg Wasser.

Diese Rechnungsweise gibt nur dann richtige Werte, wenn die wirkliche Temperatur des im Bottich befindlichen Glyzerins berücksichtigt wird. Da die Kontraktion nicht in Betracht gezogen wurde, sind die Werte in der Regel zu hoch, so daß man in die Tabelle die auf Grund der Erfahrung korrigierten Werte zusammenfaßt.

δ) Weißes Glyzerin. Zu den gebleichten (kurz weißen) Glyzerinen gehören 2 Qualitäten, die besseren, chemisch reinen (chemice purum, chem. pur.) und die etwas minderen Qualitäten (purum album, pur. alb.). Beide sind, abgesehen vom spez. Gewicht, von Farbe und Geruch, ihrer Qualität nach identisch mit dem Dynamitglyzerin, d. h. womöglich reine Glyzerine. Die chem. pur. Qualität ist höchstens bezüglich der Farbe besser als das pur. alb. Glyzerin, beide müssen jedoch farblos sein. Wurde die gelbliche Farbe des Glyzerins mit Methylviolettfärbung kompensiert, erkennt man das, wenn man in zwei gleiche Eprouvetten eine gleich hohe Schicht — 10 cm^3 — Glyzerin gibt, in die eine Eprouvette 1 cm^3 dest. Wasser, in die andere 1 ccm verdünnte Schwefelsäure hinzufügt, beide erwärmt und durchschüttelt. Nach kurzem Stehen wird das Methylviolett durch Einwirkung der Schwefelsäure grün; der eintretende Farbenunterschied zeigt sich recht deutlich, wenn man durch die zwei nebeneinandergestellten Eprouvetten von oben durchsieht.

Da man weißes Glyzerin häufig mit einem spez. Gewicht unter 30° in den Handel bringt, ist das Verdünnen ein oft angewendeter Vorgang. Die Verdünnung kann mit Hilfe folgender Tabelle leicht ausgeführt werden.

Es sei z. B. die Frage zu beantworten, wieviel Wasser muß zu 500 kg 30gradigem Glyzerin gemischt werden, um 26gradigen zu erhalten? Beim Schneidepunkt der 30er Reihe der ersten vertikalen Kolumne mit der 24er Kolumne der ersten horizontalen Reihe steht die Zahl 1,31, es entsprechen also 500 kg 30gradiges Glyzerin 500 · 1,31 = 655 kg 24gradigem Glyzerin, es müssen also den 500 kg 30gradigen Glyzerin 155 kg dest. Wasser zugesetzt werden. Nach der Verdünnung muß das spez. Gewicht kontrolliert und evtl.

von / in	24	26	28	30	31	100%
24	1	0,91	0,83	0,76	0,73	0,72
26	1,10	1	0,91	0,84	0,81	0,79
28	1,20	1,10	1	0,92	0,88	0,86
30	1,31	1,19	1,09	1	0,96	0,94
31	1,36	1,24	1,13	1,04	1	0,98
100%	1,39	1,27	1,16	1,06	1,02	1

eine Korrektion durchgeführt werden. Die Tabelle kann natürlich auch zu Berechnungen im entgegengesetzten Sinne benutzt werden, wenn man schwächeres Glyzerin in äquivalentem konzentrierteren ausdrücken will, was häufig bei Invertarisierungen der Fall ist, wo alles lagernde Glyzerin als 30gradiges Glyzerin ausgedrückt wird.

Zum Vergleichen und Messen der Farbe des weißen Glyzerins benutzt man ein Kolorimeter, bei welchem die Höhe wenigstens der einen Glyzerinschicht verstellbar ist.

XI. Die Stearinfabrikation.

1. Technologischer Teil.

Unter Stearin versteht man in der Praxis solche farblose feste Fettsäuren, welche geschmolzen und ausgekühlt eine zusammenhängende, harte, nicht fette Masse bilden, die das Gemenge von zwei oder mehreren festen Fettsäuren ist und meistens auch 1—5% Ölsäure enthält.

Zur Erzeugung des Stearins werden mehr oder minder feste (pflanzliche, tierische, gehärtete) Fette, falls notwendig im vorgereinigten Zustande, einem Fettspaltungsverfahren (S. 75, Kapitel IX) unterworfen. Sind die verarbeiteten Fette von heller Farbe, wird die Fettsäure in der Regel ohne weitere Behandlung mit solchen Fettsäuren vermischt, daß man ein womöglich gut kristallisierendes Fettsäuregemenge erhält; nur ein derartiges Fettsäuregemenge kann gut ausgepreßt werden und gibt ein an Ölsäure armes, sich nicht gelb färbendes Stearin von hohem Titer. Das derart erzeugte Stearin, bei welchem der einzige chemische Prozeß die Fettspaltung (ein mit dem Verseifen analoger Vorgang) ist, nennt man Saponifikatstearin, die gleichzeitig ausgepreßten flüssigen Fettsäuren sind als Saponifikatelain (Saponifikatolein) bekannt.

Ist das zu verarbeitende Fett nicht hell genug (Knochenfett, Palmöl usw.), so können seine Fettsäuren nicht unmittelbar auf Stearin verarbeitet werden. In diesem Fall müssen die Fettsäuren destilliert werden, was dann unbedingt notwendig ist, wenn die Fettsäuren durch Schwefelsäurespaltung (Azidifikation) entglyzeriniert wurden. Dunkle Neutralfette unterzieht man in der Regel nur dann der Schwefelsäurespaltung, wenn sie entweder nur wenig Neutralfett (Glyzerin) enthalten oder von schlechter Qualität sind, z. B. das Soapstock. In jedem anderen Fall entzieht man das Glyzerin vorher mit Autoklaven- oder Twitchell-Spaltung, wodurch man besseres sog. Saponifikat-Rohglyzerin erhält, welches dann einer neueren Schwefelsäurespaltung, einer Azidifikation, unterworfen wird. Dieser Vorgang hat einen zweifachen Zweck: 1. Bei der Autoklavenspaltung verbleiben 4—5%, bei der Twitchell-Spaltung noch mehr Neutralfett in der Fettsäure, was sich in der folgenden Operation, in der Destillation, nachteilig erweist (s. später). Durch die neuerliche Schwefelsäurespaltung wird die Menge des Neutralfettes wesentlich vermindert; 2. durch die Azidifizierung verringert sich die Menge der Ölsäure, die Menge der wertvolleren festen Fettsäure wird hingegen größer. Die azidifizierten Fettsäuren werden gewaschen, getrocknet und dann im Vakuum oder ohne Vakuum mit überhitztem Dampf destilliert.

Die destillierte Fettsäure (in der Regel eine gewisse einheitliche Fettsäure, z. B. Knochenfett-Fettsäure) ist allein zum Pressen selten geeignet, da sie keine entsprechende kristallinische Masse gibt. Anderseits hat die Stearinfabrikation Abfall- bzw. Nebenprodukte, den Retourgang und die Elainfettsäure, die in die Fabrikation zurückgeleitet werden müssen. Nach der Destillation müssen daher die Fettsäuren miteinander so gemischt werden, daß sie ein gut kristallisierendes Gemisch geben. Das Herstellen derartiger gut kristallisierender Gemische ist ebenfalls Aufgabe des Laboratoriums. Das richtig zusammengestellte Fettsäuregemenge wird zwecks gleichmäßigen Vermischens und wegen vollkommener Entfernung der Aschebestandteile mit Hilfe von Dampf mit wenig verdünnter Schwefelsäure gut durchgekocht, absetzen gelassen, damit sich das Fett ganz abscheide, dann schüttet man die kristallklare, durchsichtige Fettsäure in Tassen und läßt mit gleichmäßiger, sehr langsamer Kühlung erstarren, wodurch kristallbrüchige Fettsäurekuchen erhalten werden.

Die nächste Operation besteht in der Trennung der flüssigen und festen Fettsäuren, was durch hydraulische Pressen geschieht. Die Fettsäurekuchen nimmt man nach vollständiger Abkühlung aus den Tassen heraus, läßt sie der Sicherheit halber noch 1—2 Tage stehen („reifen"), worauf man sie in starke Kamelhaartücher verpackt, mit stehenden hydraulischen Pressen bei gewöhnlicher Temperatur preßt. Der auf den Preßpiston wirkende Druck beträgt 300—400 Atmosphären, auf je 1 cm^3 der Platte entfällt in der Regel ein Druck von 50—100 kg Druck. Bei diesem Druck preßt sich ein großer Teil der flüssigen Fettsäure (Elain, Olein) heraus und rinnt von den Pressen herab, ein Teil bleibt jedoch in den Fettsäurekuchen; dies ist die sog. kalt gepreßte Fettsäure, deren Titer und Härte durch Entfernen des größeren Teiles der Ölsäure wächst. Während der Titer der ungepreßten Kuchen 38—42° beträgt, ist dieser Wert bei den kalt gepreßten Kuchen 45—48°. Der Titer des Elains ist in der Regel identisch mit der Temperatur der Fettsäurekuchen zur Zeit des Pressens. Das Elain enthält noch feste Fettsäuren gelöst und ist nichts anderes als die bei der Preßtemperatur mit festen Fettsäuren gesättigte Lösung der Ölsäure.

Um den letzten Teil des Elains aus der kalt gepreßten Fettsäure zu entfernen, wird auf geheizten hydraulischen Pressen neuerdings gepreßt. Die Viskosität des Elains ist bei der höheren Temperatur bedeutend kleiner, so daß es zwischen den Kristallen der festen Fettsäure leicht verdrängt wird, sich bei der Preßtemperatur mit festen Fettsäuren sättigt und in diesem Zustand abfließt. Der Titer der aus der Warmpresse herabrinnenden Fettsäure ist in der Regel gleich dem Titer der Ausgangsfettsäurekuchen und wird Retourgang genannt, da er in die Fabrikation zurückgelangt.

Die aus den Warmpressen herausgelangenden, jetzt schon als Stearin anzusprechenden Fettsäureplatten entnimmt man aus den Kamelhaartüchern, bricht die öligen Ränder ab und entfernt auch die im Innern evtl. vorkommenden öligen Teile. Da auf diesem Stearin der Abdruck des Preßtuches und des wellenförmigen Preßeinsatzes sichtbar ist, wird es Wellenstearin genannt. Dieses Wellenstearin ist noch nicht recht brauchbar, da es nicht gleichmäßig ist, sein Äußeres ist nicht schön, es haften ihm die Haare des Preßtuches an, und auch sein kleiner, nur tausendstel Prozente betragender Aschegehalt hindert es, zur Kerzenfabrikation verwendet zu werden. Das Wellenstearin wird daher in Bleibottichen mit wenig Schwefelsäure durch Dampf aufgekocht, absetzen gelassen, dann in einem Lärchenholzbottich mit etwas Oxalsäure enthaltendem Wasser noch ein zweites Mal aufgekocht, um die Spuren der Schwefelsäure zu entfernen. Da die meisten Wässer infolge des Kalzium- und Magnesiumhydrokarbonatgehaltes alkalisch sind, versetzt man das Waschwasser mit einer diesem „Laugengehalt" äquivalenter bzw. ihn noch etwas übersteigender Oxalsäuremenge, damit das Stearin nicht wieder Asche aufnimmt. Auf die nicht als Bikarbonat, sondern als Chlorid, Sulfat usw. vorhandenen Salze, die die permanente Härte des Wassers bilden, braucht beim Bemessen der Oxalsäure keine Rücksicht genommen zu werden, aus diesen Salzen kann das Stearin keine Asche aufnehmen, auch die Oxalsäure wirkt auf diese Salze nicht. Das aufgekochte Stearin wird in der Regel in trockene Reservoire abgelassen, wo es, mit sehr wenig in Stearin gelöstem Methylviolett gefärbt, blendend weiß gemacht wird. Wird es nicht unmittelbar z. B. auf Kerzen aufgearbeitet, sondern als Stearin in den Handel gebracht, pflegt man es zumeist in kleine, 1—2 kg schwere Tafeln zu gießen. Vor dem Ausgießen wird es so lange gerührt, bis es sich milchförmig trübt, es wird also „kalt gerührt" in Tafeln gegossen. Dieses „kalt Rühren" wendet man auch, worauf wir noch später zurückkommen, beim Gießen der Stearinkerzen an, damit die Kerzen infolge Verhinderung der Kristallisation des Stearins weniger zerbrechlich, weißer und vom gleichmäßigen Äußeren sein sollen.

Das von den Kaltpressen herabrinnende Elain enthält, namentlich im Sommer, noch viel feste Fettsäuren gelöst, was bei dem höheren Wert der festen Fettsäuren ein Verlust wäre. Das Elain mit höherem Titer ist für manche Zwecke, z. B. für die Seifenfabrikation, vorteilhafter, entspricht aber anderen Zwecken, z. B. der textilindustriellen Verwendung, nicht, da es bei kälterem Wetter erstarrt. Es wird vom Stearin dadurch befreit, daß man es mit Eis oder Kühlwasser abkühlt, bis es grießig wird, dann treibt man es durch eine Filterpresse, aus welcher das an Stearin ärmere Öl herausfließt, während der sich ausscheidende Teil der festen Fettsäuren zurückbleibt. War die Ölsäure sehr reich an Stearin, kann dieser Vorgang wiederholt werden. Den in der Presse zurückbleibenden Preßling nennt man auch Elainfettsäure; seine Aufarbeitung geschieht im Zusammenhange mit der Beförderung der Kristallisation in derselben Weise wie die des Retourganges.

Destillation der Fettsäuren. Obwohl dieser Betriebszweig zuweilen auch selbständig betrieben wird, kommt er in der Regel zu Zwecken der Stearinindustrie zur Geltung, weshalb er hier behandelt wird. Wie immer auch die Fettsäure dargestellt wurde, enthält sie stets ein wenig Neutralfett. Da letzteres unter den technisch angewendeten Verhältnissen nicht destilliert werden kann, sammelt es sich in der Retorte. Man destilliert zumeist einige Tage, wobei sich in der Retorte Fettsäuren mit erheblichem Neutralfettgehalt ansammeln, die dunkel gefärbt und viskos genug sind, da das lang anhaltende Erwärmen bei ca. 350—360° zur Kondensierung führt, indem sich zwei oder mehrere Fettsäuremolekeln mit ihren ungesättigten Valenzen zu einem gesättigten oder gesättigteren Molekel vereinigen. Infolge des lang anhaltenden Erhitzens verlieren die schwerer destillierbaren kondensierten Fettsäuren, aber auch das Neutralfett, von ihren Karboxylen Kohlensäure, wodurch Kohlenwasserstoffe entstehen, z. B. aus $C_{17}H_{33} \cdot COOH = CO_2 + C_{17}H_{34}$ usw. Es wächst also die Menge des Unverseifbaren, was den Wert des hergestellten Elains vermindert. Das aus destillierten Fettsäuren bereitete Stearin wird Destillatstearin, das Elain Destillatelain genannt, als Unterscheidung zu dem vorher erwähnten Saponifikatstearin und -olein. Die Saponifikatprodukte sind wertvoller, da das Saponifikatelain nur 0,5—1,0% Unverseifbares enthält, während das Destillatstearin infolge seines niedereren Titers und wegen seiner geringeren Härte weniger wertvoll ist; die infolge der Azidifikation entstehende Isoölsäure, deren Titer 44° ist, drückt den Titer des Destillatstearins. Während der Titer des Saponifikatstearins 54—56° ist, schwankt jener des Destillatstearins je nach der Menge der Isoölsäure zwischen 48—53°. Ein charakteristischer Unterschied ist zwischen Sponifikat- und Destillatelain, daß ersteres 8—15% Neutralfett enthält, letzteres hingegen keines.

Hat sich in der in der Retorte befindlichen Fettsäure nach mehrtägiger Destillation das Neutralfett sehr angesammelt, destilliert man den größten Teil der Fettsäure aus der Retorte ab und läßt den Rückstand, den sog. dünnen Teer, ab. Letzterer besteht eigentlich überwiegend aus Fettsäure, darin 10—20% kondensierte Fettsäure, aus Neutralfett und aus Unverseifbarem; es ist eine dunkle, in der Hitze ein wenig viskose Flüssigkeit mit niedrigerem Titer als jener der gespeisten Fettsäuren. Bei der Destillation findet nämlich auch eine sog. Fraktionierung statt, der Siedepunkt der gesättigten (festen) Fettsäuren ist niedriger, so daß sie sich eher in den ersten Fraktionen sammeln, während der in der Retorte zurückbleibende, höher siedende Teil mehr aus flüssigen Fettsäuren besteht. Zur Verminderung des Neutralfettes wird der dünne Teer im Autoklaven oder durch Azidifikation, evtl. durch beide Verfahren neuerlich gespalten und dann destilliert. Das Destillat, die „Teerfettsäure", hat einen niedrigeren Titer als das Fett, aus welchem es ursprünglich hergestellt wurde, hat eine etwas dunklere Farbe als die gewöhnliche destillierte Fettsäure und einen größeren Gehalt an Unverseifbarem. Diese Fettsäure kristallisiert auch selbst sehr gut, verleiht aber vermischt mit anderen Fettsäuren auch diesen bzw. dem Gemisch eine große Kristallisationsfähigkeit. Die „Teerfettsäure" wird wegen ihres verhältnismäßig hohen Gehaltes an Unverseifbarem in der Regel separat auf Stearin und Elain aufgearbeitet; das Teerstearin ist sehr stark kristallinisch, so daß dieses Stearin allein zerbrechlich ist, weshalb es mit anderem, weniger kristallinischem Stearin vermischt verarbeitet wird. Das Teerelain enthält viel (5—8%) Unverseifbares.

Um die chemische Kontrolle der Destillation zu ermöglichen, muß man mit dem Verhalten der Fettsäuren während der Destillation vertraut sein. Man pflegt in der Regel die Säuren fester Fette und Tranfettsäuren zu destillieren. Auf die festen (gesättigten) Fettsäuren übt die Azidifikation mittels Schwefelsäure keine Wirkung aus; die in den festen Fetten vorkommenden ungesättigten Fettsäuren, hauptsächlich Ölsäure, binden die Schwefelsäure wahrscheinlich nach folgender Gleichung:

$$2\,C_{17}H_{33}\cdot COOH + H_2SO_4 = \begin{matrix} C_{17}H_{34}\diagup COOH \\ \quad\rangle SO_4 \\ C_{17}H_{34}\diagdown COOH \end{matrix}\,.$$

Dieses Produkt verwandelt sich mit Wasser gekocht in Schwefelsäure und Oxystearinsäure:

$$\begin{matrix} C_{17}H_{34}\diagup COOH \\ \quad\rangle SO_4 \\ C_{17}H_{34}\diagdown COOH \end{matrix} + \begin{matrix} HOH \\ HOH \end{matrix} = H_2SO_4 + 2\,C_{17}H_{34}\langle\begin{matrix} OH \\ COOH \end{matrix}\,.$$

Während also die Säure vor der Azidifizierung ungesättigt war, ist sie nachher gesättigt. Da jedoch aus technischen Gründen viel weniger Schwefelsäure verwendet wird, als zur vollständigen Sättigung erforderlich, hört die Ungesättigtheit der Fettsäure nicht ganz auf, sondern vermindert sich nur. Eine andere Wirkung übt die konz. Schwefelsäure auf die Ölsäure nicht aus. Infolge der

Destillation verliert die Oxystearinsäure Wasser und verwandelt sich in die mit der Ölsäure isomere Isoölsäure:

$$C_{17}H_{34}(OH) \cdot COOH = H_2O + C_{17}H_{33} \cdot COOH \, .$$

Diese Isoölsäure ist bei gewöhnlicher Temperatur fest, ihr Schmelzpunkt ist 44°, ist jedoch geradeso ungesättigt wie die Ölsäure. Die azidifizierte Fettsäure wird daher durch die Destillation ungesättigter, und zwar in dem Maße, wie sie es vor der Azidifikation war.

Anders verhalten sich die Trane, deren Jodzahl 120—140 ist und die auch ungesättigtere Säure als die Ölsäure enthalten. Die konz. Schwefelsäure vermindert hier die Ungesättigtheit in viel bedeutenderer Weise als bei den festen Fetten, und zwar deshalb, da sie die Kondensation der ungesättigten Fettsäuremolekeln befördert, anderseits da die ungesättigten Valenzen Schwefelsäure binden und beim Waschen Hydroxylgruppen Platz geben. Bei der Destillation aber nimmt die Ungesättigtheit (die Jodzahl) der Fettsäure nicht zu, sondern sinkt weiter: die Oxysäure destilliert unverändert in die Vorlage, ebenso die kondensierte Fettsäure, die Kondensation findet sogar bei der hohen Temperatur der Destillation ihre Fortsetzung, und man erhält eine noch gesättigtere, also eine Fettsäure mit kleinerer Jodzahl.

Die „Teerfettsäuren" destilliert man nun so lange, bis sie ein Destillat geben und bis anderseits eine Probe des Retortenrückstandes ausgekühlt einen harten, schwarzen „Stearinteer" (Stearingoudron) gibt, der aus der Retorte abgelassen wird. Der Stearinpech ist ein Gemenge von Fettsäure, Neutralfett, hauptsächlich aber von stark kondensierter Fettsäure und Neutralfett, sowie von gesättigten und ungesättigten Kohlenwasserstoffen.

Die Kristallisierung. Ihre Wichtigkeit vom Standpunkt des Pressens wurde schon erwähnt. Der größere Teil der zur Stearinfabrikation benutzten Fette, wie Knochenfett, mancherlei Abfallfett, Talg und Preßtalg liefern eine gut kristallisierbare Fettsäure; andere, wie Palmöl, Pflanzentalg, Sheabutter, viele Talg- und Preßtalgarten enthalten schlecht kristallisierende Fettsäuren. Die Fettsäuren der hydrierten Fette nehmen mit ihrem schlecht kristallisierenden Gewebe eine Mittelstellung ein.

Nimmt man die hydrogenisierten Fette vor der Hand nicht in Betracht, so besteht das Stearin hauptsächlich aus Palmitin- und Stearinsäure, wozu im Falle des Saponifikatstearins noch wenig (2—5%) Ölsäure, beim Destillatstearin 10—25% Isoölsäure hinzukommen. Erfahrungsgemäß ändern weder die Ölsäure noch die Isoölsäure die Kristallisation der Fettsäuren, so daß die Kristallisation **ausschließlich nur von der relativen Menge der Palmitin- und Stearinsäure abhängt.** Ein klares Bild erhält man hiervon, wenn man von reiner Palmitin- und Stearinsäure Gemenge bereitet; die Daten solcher Gemenge habe ich in der folgenden Tabelle zusammengefaßt.

Nr.	Palmitinsäure	Stearinsäure	Schmelzpunkt	Kristallisation	Festigkeit
1	100	0	62,0	kristallinisch	morsch
2	90	10	60,1	kleine Kristalle	weich, morsch
3	80	20	57,5	„ „	noch weich
4	70	30	55,1	„ „	sehr hart
5	60	40	56,3	kristallinisch	„ „
6	50	50	56,6	sehr kristallinisch	wenig hart
7	40	60	60,3	amorph	hart
8	30	70	62,9	wenig kristallinisch	„
9	20	80	65,3	kristallinisch	wenig morsch
10	10	90	67,2	„	morsch
11	0	100	69,2	„	„

Aus der Tabelle ist ersichtlich, daß reine Palmitin- resp. Stearinsäuren wohl kristallinisch sind, dennoch aber nicht gepreßt werden könnten, da sie so weich sind, daß man sie zwischen den Fingern zerdrücken kann. Es sind auch wahrhaftig die Pflanzentalgfettsäuren, die ein Gemenge von reiner Palmitin- und Ölsäure sind, wie auch die Sheabutterfettsäure, die ein Gemenge reiner Stearinsäure und Ölsäure darstellt, nicht preßbar, da die Fettsäure durch die kleinsten Öffnungen des Preßtuches durchdringt. Werden aber die beiden Fettsäuren vermengt, erhält man ein gut kristallisierbares und ausgezeichnet preßbares Fettsäuregemenge.

Aus der Tabelle ist weiterhin ersichtlich, daß man ein gut kristallisierbares und gut preßbares Gemenge nur dann erhält, wenn die festen Fettsäuren 50—60% Palmitinsäure neben 50—40% Stearinsäure enthalten. Kommen die festen Fettsäuren in einem anderen Verhältnis vor, so muß man die in kleinerer Menge vorhandene Fettsäure in irgendeiner Weise ersetzen. So z. B. besteht der feste Teil der Palmölfettsäure aus 70% Palmitin und 30% Stearinsäure, gehört also in die 4. Reihe der Tabelle, hingegen ist der feste Teil der Talgfettsäure in die 7. Reihe einzuteilen, da er einen Gehalt von ca. 40% Palmitinsäure und 60% Stearinsäure aufweist. Werden die zwei festen Fettsäuren in gleicher Menge miteinander vermischt, so enthält das Gemenge $\frac{70 + 40}{2} = 55\%$ Palmitinsäure und 45% Stearinsäure, das Stearin ist also zwischen die 5. und 6. Reihe einzuordnen, das Gemenge ist also kristallinisch, das Stearin ist hart. Will man aus denselben Bestandteilen ein sehr hartes Stearin produzieren, dennoch aber kristallinisches, daher gut preßbares Fettsäuregemenge erzeugen, so gibt man zu der Palmölfettsäure nur so viel Talgfettsäure, daß der feste Teil des Gemenges 60% Palmitin- und 40% Stearinsäure enthalten soll, wir werden also ca. 70% Palmölfettsäure und 30% Talgfettsäure vermengen.

Der feste Teil der Knochenfettsäure gehört ca. in die 5., häufig zwischen die 4. bis 5. Reihe der Tabelle; da sie eines der wichtigsten Rohmaterialien des Destillatstearins ist, müssen wir uns auch mit ihr befassen. Da in den festen Fettsäuren der natürlichen Fette die Palmitinsäure stets in größerer Menge vorhanden ist, die an Stearinsäure etwas reicheren Fette, wie Talg und Sheabutter, teuer sind, ist es manchmal nicht leicht, gut kristallisierbare Gemenge herzustellen. In der Knochenfett-Fettsäure ist es ratsam, den Prozentsatz der Stearinsäure zu erhöhen, manchmal aber erträgt sie eine schwache Anreicherung des Palmitinsäureprozentsatzes, denn das Knochenfettstearin ist nämlich von nicht ganz konstanter Zusammensetzung. Eine große Hilfe bedeuten uns die hydrogenisierten Fette, deren einzelne Gattungen zuweilen überwiegend viel Stearinsäure enthalten.

Die Pflanzenfette enthalten oft eine erheblichere Menge „Stearin", d. h. feste Fettsäure, es müssen z. B. das Algierer Olivenöl, das Cottonöl, um klargemacht zu werden, durch Absetzen und Abkühlen oder durch künstliche Kühlung und Filtrierung von den festen Fettsäuren befreit werden. Diese festen Fette bestehen zumeist aus Palmitinsäure, deren Menge in den festen Fettsäuren bis 80% steigt, so daß sie in die 3. Reihe der Tabelle einzuteilen sind. Da diese Fettsäure trotz ihres verhältnismäßig hohen Titers weich und nicht preßbar ist, muß sie, um preßbar gemacht zu werden, mit einer an Stearinsäure reicheren Fettsäure, z. B. mit Talgfettsäure gemischt werden.

Titerverhältnisse. Unter Titer versteht man, wie schon besprochen, den in einer bestimmten Weise gemessenen Erstarrungspunkt der Fettsäuren. Die in der Tabelle angeführten Schmelzpunkte sind bei festen Fettsäuren nahezu identisch mit dem Titer. So ist der Schmelzpunkt der Palmitinsäure 62,0°, gibt man aber Stearinsäure mit dem Schmelzpunkt 69,2° hinzu, wird der Schmelzpunkt niedriger als 62,0°; ein Gemenge von 70% Stearin- und 30% Palmitinsäure hat ca. denselben Schmelzpunkt wie die reine Palmitinsäure, von diesem Punkte an wachsen der Schmelzpunkt und der Titer mit zunehmendem Stearinsäuregehalt sehr rasch. Kommt die feste Fettsäure nicht allein vor, sondern gemischt mit Ölsäure, so sinkt der Titer beträchtlich. Ist dasselbe Stearin, also dasselbe Gemenge der festen Fettsäuren, mit Ölsäure in verschiedenen Prozenten vermischt vorhanden, genügt zur Titerbestimmung vollauf die Bestimmung der Menge der festen Fettsäure, geradeso wie sich die Konzentration der Lösung einer Substanz, sei diese ein Körper oder ein Gemenge, aus dem spez. Gewicht bestimmen läßt. Ist aber die Zusammensetzung der festen Fettsäure nicht die gleiche, läßt sich aus dem Titer nicht unmittelbar auf die Menge der festen Fettsäuren folgern. So z. B. besteht die Talgfettsäure aus 50% Ölsäure und 50% eines Stearins, das zwischen die Reihen 6 und 7, mehr aber in die Reihe 7 zu ordnen ist und einen Titer von 43—44° aufweist; der Pflanzentalg (Stillingiatalg) besteht ebenfalls aus 50% Ölsäure und 50% fester Fettsäure, die aber eine Palmitinsäure ist und einen Titer von 52° aufweist; gibt man zur Pflanzentalgfettsäure Ölsäure, sinkt ihr Titer; der Titer eines Gemenges von ca. $^2/_3$ Pflanzentalgfettsäure und $^1/_3$ reiner Ölsäure wird 43—44°, also gleich dem Titer der Talgfettsäure sein, der Stearingehalt ist aber nur 33% im genannten Gemenge, in der Talgfettsäure hingegen 50%. Ein ganz ähnliches Verhalten zeigen alle Fettsäuren, in denen nur eine feste Fettsäure vorkommt, z. B. die Sheabutterfettsäure, die Fettsäuren vieler gehärteter Fette usw., bei welch letzteren die Abweichung noch auffallender ist, da sie eine Stearinsäure mit höherem Titer enthalten. Bei der Stearinfabrikation ist daher die allgemein verbreitete Ansicht, daß das Fett um so wertvoller ist, je höher sein Titer ist, irrtümlich, da ja mit dem höheren Titer nicht immer mehr feste Fettsäuren einhergehen. Im großen sind bei der Seifenfabrikation ähnliche Verhältnisse, worauf wir noch an der entsprechenden Stelle zurückkommen.

2. Chemische Betriebskontrolle.

Die analytische Betriebskontrolle greift an folgenden Punkten stützend unter die Arme des Betriebes, um ihn über die gefährlichen Punkte hinüberzugeleiten:

α) Untersuchung der Rohmaterialien von verschiedenen Standpunkten,

β) Vorreinigung der Fette zur Spaltung,

γ) Kontrolle des Spaltungsgrades bei den verschiedenen Spaltungsverfahren,

δ) Kontrolle der Zersetzung,

ε) Kontrolle der Fettsäuretrocknung,

ζ) Kontrolle der Azidifikation,

η) Untersuchung der Entfernung der Schwefelsäure,

ϑ) Kontrolle der Azidifikation nach dem Destillieren,

ι) Zusammenstellen von gut kristallisierenden Fettmengen, deren Titer,

$\varkappa$) das rohe Elain, das entstearinisierte (filtrierte) Elain.

λ) Untersuchung des Retourganges,

μ) Untersuchung des Stearins.

α) Zweck der Untersuchung der Rohmaterialien ist, die Ausbeute an Stearin, Elain und Glyzerin prozentisch feststellen zu können. Hierzu ist die Kenntnis des reinen (verseifbaren) Fettgehaltes der einlangenden Fettsubstanzen, dann die Kenntnis der Zusammensetzung des Fettes, d. h. des Glyzeringehaltes bzw. Gehaltes an freien Fettsäuren und an Neutralfett, dann noch die Kenntnis des Titers und der Jodzahl, d. h. also der Menge der flüssigen und festen Fettsäure, notwendig.

Die zur Stearinfabrikation dienenden Fette können als Verunreinigung Wasser, Asche, unverseifbare Teile und organischen Schmutz enthalten. Die Menge des reinen, verseifbaren Fettes erhält man in der Regel mit genügender Genauigkeit, wenn die Summe dieser vier Bestandteile von 100 abgezogen wird. Manchmal kommen aber spezielle Verunreinigungen vor, die von Fall zu Fall berücksichtigt werden müssen.

Über die zur Bestimmung des Wassers, der Asche, des Unverseifbaren und des organischen Schmutzes sei auf das Kapitel IX (Fettspaltung), S. 79, verwiesen, wo die gebräuchlichen Verfahren ausführlich behandelt wurden. Hervorgehoben sei nur die Wichtigkeit der Bestimmung des Unverseifbaren, nicht nur als wertlosen Bestandteils, sondern auch deshalb, da er seiner ganzen Menge nach ins Elain gelangt. Da die zur Stearinfabrikation verwendeten Fette ca. die gleiche Menge flüssiger und fester Fettsäuren enthalten, wird die Menge des Unverseifbaren im Elain zweimal so groß sein wie im Originalfett, aus welchem es bereitet wurde.

β bis δ. Ebenfalls in Kapitel IX wurde auch das Vorreinigen der Fette, der Spaltungsgrad und die Zersetzung der Fettsäuren vom Standpunkte der chemischen Betriebskontrolle besprochen.

ε) Kontrolle der Trocknung der Fettsäuren. Die zersetzten Metallseifen gelangen in die Azidifikation, deren Wirkungsgrad um so besser ist, je trockener die Fettsäure ist. Die vollkommene Trockenheit läßt sich konstatieren, indem 1 Vol. Fettsäure in 2 Vol. Kohlenstofftetrachlorid gelöst und dann auf Zimmertemperatur abgekühlt werden, wobei die Lösung bei Vorhandensein von Wasserspuren je nach der Menge des Wassers mehr oder weniger trübe ist. Spuren von Wasser zeigen sich auch dann, wenn man das Fett in einen kleinen Porzellantiegel gibt, ein Thermometer hineinhängen läßt und mit freier Flamme bis 140° erhitzt, in welchem Fall das Fett schon bei Gegenwart von sehr wenig Wasser von 105° an schäumt und spritzt.

η) und ϑ) Kontrolle der Azidifikation. Sie hat hauptsächlich bei Fetten Bedeutung, die keine ungesättigtere Säure als Ölsäure enthalten. Bei diesen entsteht durch die Azidifikation Sulfostearinsäure und aus dieser durch Wasser bzw. durch Kochen mit Wasser durch das sog. „Waschen“ Oxystearinsäure:

$$2\,C_{17}H_{33}\cdot COOH + H_2SO_4 = \begin{matrix} C_{17}H_{34}\diagup COOH \\ \quad\rangle SO_4 \\ C_{17}H_{34}\diagdown COOH \end{matrix}\ .$$

Hieraus durch Kochen mit Wasser:

$$\begin{matrix} C_{17}H_{34}\diagup COOH \\ \quad\rangle SO_4 \\ C_{17}H_{34}\diagdown COOH \end{matrix} + 2\,H_2O = H_2SO_4 + 2\,C_{17}H_{34}\langle\begin{matrix} COOH \\ OH \end{matrix}\ .$$

Infolge der Destillation zersetzt sich die Oxystearinsäure in Isoölsäure und Wasser:

$$C_{17}H_{34}\langle\begin{matrix} COOH \\ CH \end{matrix} = H_2O + C_{17}H_{33}\cdot COOH\,.$$

Wie ersichtlich, nimmt die Jodzahl der Fettsäure durch die Azidifikation ab, während die Jodzahl der azidifizierten Fettsäure infolge der Destillation zunimmt. Beide Reaktionen können zur Kontrolle der Azidifikation benutzt werden, es ist aber ratsamer, die Abnahme der Jodzahl zu benutzen, da sie früher festgestellt werden kann, außerdem aber fraktionieren die einzelnen Fettsäuren teilweise bei der Destillation, so daß die Kontrolle auf Grund der Zunahme der Jodzahl ein wenig unsicher ist.

Die Jodzahl der gewaschenen Fettsäure wird vor der Azidifikation und nach dieser bestimmt und zeitweilig auch die Menge des Neutralfettes aus der Azidifikationswäsche. Ist die Differenz zwischen Säure- und Verseifungszahl geringer als eine Einheit, ist ein weiteres Prüfen überflüssig. Ist der Unterschied größer als 1, ist es noch nicht sicher, ob er von Neutralfett stammt, da ihn auch die durch Einwirkung der Schwefelsäure entstandenen Anhydride und Laktone verursachen können. In so einem Falle bleibt nichts anderes übrig, als die Fettsäure zu verseifen und die in die wässerige Lösung übergegangene Glyzerinmenge nach Kapitel X zu bestimmen.

In der aus der Azidifikationswäsche stammenden Fettsäure darf keine Schwefelsäure zurückbleiben, da sie bei der hohen Temperatur der Destillation die Fettsäure stark angreifen würde. Da hier auch von an Fettsäure gebundener Schwefelsäure die Rede sein kann, ist es am richtigsten, 200 g Fettsäure mit 100 g dest. Wasser eine Stunde zu kochen und nach Erstarren der Fettsäure im abgegossenen Wasser auf Schwefelsäure zu prüfen.

Will man nach der Destillation die Azidifikation überprüfen, bestimmt man die Jodzahl des 24stündigen Durchschnittes der undestillierten und der destillierten Fettsäure. Der Jodzahlunterschied mit 1,11 multipliziert gibt die prozentische Menge der fest gewordenen Ölsäure.

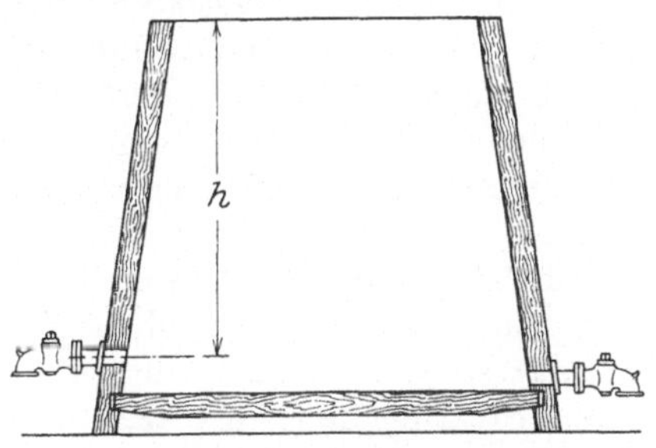

Abb. 29. Mischbottich für Fettsäuren.

ι) Bereitung gut kristallisierender Fettsäuregemenge. Von den in der Stearinfabrikation gebräuchlichen Fettsäuren kristallisieren einzelne ausgezeichnet, andere sehr schlecht. Man läßt daher aus den zur Verfügung stehenden verschiedenen Fettsäuren im Laboratorium eine Reihe von Probemischungen bereiten und wählt aus dieser Reihe die entsprechende Mischung aus. Zur Bereitung der Fettsäuregemenge steht eine Tabelle zur Verfügung, in welcher die verschiedenen Mengen der gewöhnlich verarbeiteten Fettsäure figurieren. Ist z. B. der über dem oberen Hahn des Fettsäuremischbottiches verbleibende Teil $h = 230$ cm (s. Abb. 29), so können 200 cm zur Bereitung des Gemenges verwendet werden. Man wird daher die Tabelle so zusammenstellen, daß je ein Gemisch gerade 200 cm (das Probegemisch

	1	2	3	4	5	6	7	8	9	10	11	12	13	14	15	16	17	18	19	20
Knochenfett-Fettsäure	140	130	120	110	100	90	—	—	—	—	—	—	—	—	—	—	—	—	—	—
Gehärtete Fettsäure .	—	—	—	—	—	—	130	120	110	100	90	80	70	—	—	—	—	—	—	—
Palmölfettsäure . . .	—	10	20	30	40	50	—	10	20	30	40	50	60	10	20	30	40	50	60	70
Teerfettsäure	—	—	—	—	—	—	—	—	—	—	—	—	—	120	110	100	90	80	70	60
Retourfettsäure . . .	40	40	40	40	40	40	50	50	50	50	50	50	50	50	50	50	50	50	50	50
Elainfettsäure . . .	20	20	20	20	20	20	20	20	20	20	20	20	20	20	20	20	20	20	20	20

aber 200 g) ausmachen soll. Zur Herstellung der Proben verwendet man kleine Wannen aus Weißblech. Eine Tabelle sei in vorstehendem angeführt.

Man bestimmt den Titer des für gut befundenen Fettsäuregemisches, um sich über dessen Stearin- und Elaingehalt zu unterrichten. Am nächsten Tag wird dann kontrollehalber auch der Titer des im Betrieb hergestellten Gemisches bestimmt. Die beiden Werte müssen mit ganz geringer, ca. 0,2°, Abweichung übereinstimmen. Die Bestimmung des Elain- und Stearingehaltes von Fettsäuregemengen und überhaupt von Fettsäuren muß eigentlich auf die Bestimmung der flüssigen und festen Fettsäure zurückgeführt werden, zu welchem Zwecke die Twitchellsche Methode am geeignetsten ist (s. weiter unten). Da jedoch das Elain auch feste, das Stearin auch flüssige Fettsäuren enthält, so müssen die Daten der vorerwähnten Methode noch entsprechend korrigiert werden, weshalb man sie, nicht minder auch wegen der langwierigen Arbeit, zur Betriebskontrolle nur selten verwendet. Bedeutend rascher ist schon die Jodzahlbestimmung, die aber nur im Falle nicht azidifizierter Fettsäuren gebraucht werden kann, da der feste Teil (das Stearin) der azidifizierten Fettsäuren infolge Vorhandenseins der Isoölsäure ein beträchtliche, bis 30 steigende Jodzahl haben kann. Zur Bestimmung des Elain- und Stearingehaltes der azidifizierten (und destillierten) Fettsäuren kann man die Bestimmung des spez. Gewichtes, des Brechungsindexes und des Titers benutzen. Zu diesem Zwecke bereitet man aus den Jahresdurchschnitten des erzeugten Elains bzw. des Stearins Gemische von 0, 5, 10, 15, 20 . . . 100% und bestimmt ihre spez. Gewichte bei 60°, die Brechungsindizität ebenfalls bei 60° mit dem Abbé-Zeissschen Refraktometer oder aber die Titer und berechnet diese Werte durch Interpolation auch auf die Gemische von anderer prozentischer Zusammensetzung. In der Regel wählt man die bequemste Methode, die Titerbestimmung. Natürlich ist so eine Tabelle nur in der Fabrik gültig, mit deren Erzeugnissen sie hergestellt wurde, und nur so lange, als sich die Fabrikationsmethode und die Rohmaterialien nicht ändern.

Die Kurve hat die Form $y^2 = Ax + B$, ihr Wert kann mit der Methode der kleinsten Quadrate bestimmt werden.

Benötigt man eine exaktere Arbeit und steht genug Zeit zur Verfügung, bestimmt man die Menge der festen Fettsäuren, wozu man die verhältnismäßig rasche und genaue Twitchellsche Methode benutzt. Die Fettsäuren dürfen kein Neutralfett enthalten, im entgegengesetzten Fall werden sie in der gewohnten Weise abgeschieden. Nach der Menge des zu erwartenden festen Fettes

Stearin %	Elain %	Titer °C	Diff.	Stearin %	Elain %	Titer °C	Diff.	Stearin %	Elain %	Titer °C	Diff.	Stearin %	Elain %	Titer °C	Diff.
0	100	15,15		26	74	33,38		51	49	42,16		76	24	47,54	
1	99	16,18		27	73	33,89		52	48	42,39		77	23	47,72	
2	98	17,19		28	72	34,40		53	47	42,61		78	22	47,89	
3	97	18,30		29	71	34,80		54	46	42,85		79	21	48,06	
4	96	19,36		30	70	35,20		55	45	43,10		80	20	48,23	
5	95	20,40		31	69	35,62		56	44	43,35		81	19	48,40	
6	94	21,53		32	68	36,05		57	43	43,60		82	18	48,56	
7	93	22,30		33	67	36,43		58	42	43,83		83	17	48,72	
8	92	23,00		34	66	36,82		59	41	44,06		84	16	48,88	
9	91	23,90		35	65	37,16		60	40	44,29		85	15	49,04	
10	90	24,80		36	64	37,50		61	39	44,52		86	14	49,20	
11	89	25,20		37	63	37,87		62	38	44,74		87	13	49,37	
12	88	25,85		38	62	38,24		63	37	44,96		88	12	49,54	
13	87	26,50		39	61	38,52		64	36	45,19		89	11	49,71	
14	86	27,10		40	60	38,80		65	35	45,42		90	10	49,88	
15	85	27,80		41	59	39,20		66	34	45,62		91	9	50,05	
16	84	28,50		42	58	39,60		67	33	45,83		92	8	50,20	
17	83	29,10		43	57	40,00		68	32	46,03		93	7	50,35	
18	82	29,70		44	56	40,30		69	31	46,24		94	6	50,50	
19	81	30,20		45	55	40,60		70	30	46,43		95	5	50,65	
20	80	30,96		46	54	40,89		71	29	46,62		96	4	50,80	
21	79	31,33		47	53	41,16		72	28	46,81		97	3	50,95	
22	78	31,70		48	52	41,43		73	27	47,00		98	2	51,10	
23	77	32,19		49	51	41,70		74	26	47,18		99	1	51,25	
24	76	32,68		50	50	41,93		75	25	47,36		100	0	51,40	
25	75	33,03		Stearin %	Elain %	Titer °C	Diff.	Stearin %	Elain %	Titer °C	Diff.	Stearin %	Elain %	Titer °C	Diff.

werden $^1/_2$—2 g Fettsäure in 100 cm³ warmen Alkohol gelöst und mit 20 cm³ 10 proz. warmem alkoholigen Bleiazetat versetzt. Die

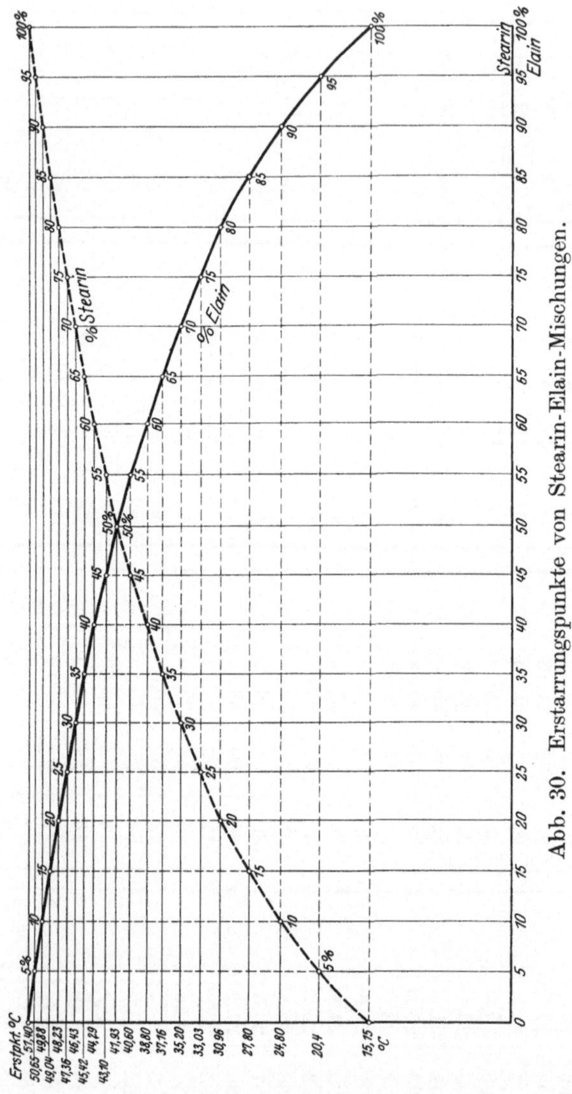

Abb. 30. Erstarrungspunkte von Stearin-Elain-Mischungen.

gut vermischte Lösung kühlt man langsam ab, läßt einige Stunden — womöglich über Nacht — stehen und filtriert die kristallinisch ausgeschiedenen Bleisalze der festen Fettsäuren ab, wäscht mit

95proz. Alkohol aus, spült mit Äther in einen Scheidetrichter, zersetzt dort mit Salpetersäure und scheidet die Fettsäure aus der Ätherlösung in der üblichen Weise aus. Die Bestimmung kann auch so durchgeführt werden, daß die Menge der in alkoholische Lösung übergegangenen flüssigen Fettsäure bestimmt wird; in dieser Weise vorzugehen, ist jedoch nur dann ratsam, wenn keine weniger gesättigte Säure als Ölsäure zugegen ist.

$\varkappa$) Die Betriebskontrolle des Elains besteht in der Bestimmung des Titers des aus der Kaltpresse herabrinnenden Elains im Tagesdurchschnitt; dann aus Feststellung des Titers des filtrierten und unfiltrierten Elains sowie der Elainfettsäure, außerdem ist es empfehlenswert, wenigstens vom Wochendurchschnitt eine ganze Analyse des Elains vorzunehmen, die sich auf die Bestimmung des Wassers, der Asche, des Unverseifbaren, der Säure- und Verseifungszahl, der Jodzahl und des Titers erstreckt.

Der Titer des Elains ist sehr nahe identisch mit der Temperatur der Kuchen beim Pressen. Für gewisse Zwecke, z. B. zur Seifenfabrikation, ist das Elain — wie schon erwähnt — um so wertvoller, je höher sein Titer ist, je größer also sein Stearingehalt ist; für textilindustrielle Zwecke ist hingegen das Elain um so besser, je niederer sein Titer ist. Deshalb, und auch um das wertvollere Stearin herauszubekommen, pflegt man das Elain zu kühlen und das grießige Elain auf Filterpressen abzufiltrieren, wodurch sich sein Titer vermindert. Die Titer bestimmt man im Tagesdurchschnitt im filtrierten und im unfiltrierten Zustand.

Wird Saponifikat-Elain erzeugt, sammeln sich der größere Teil des Neutralfettes und fast das ganze Unverseifbare im Elain an. Ist z. B. die Talgfettsäure bis auf 96% gespalten, macht das Unverseifbare 0,7% aus, das Stearin enthält $^1/_2$—1% Neutralfett und 0,1—0,2% Nichtverseifbares, das Elain hingegen 7—8% Neutralfett und 1,3—1,4% Unverseifbares. Im Destillatelain geben wohl das sehr geringe Lakton und Anhydrid eine Esterzahl von 0,5—1,0, Neutralfett ist aber nicht zugegen. Die Bestimmung des unverseifbaren Teiles ist hier um so wichtiger, da seine Menge in der Regel eine etwas größere ist, sie kann im Teerelain bis 8% und noch höher ansteigen.

Den Wassergehalt des Elains kann man mit Trocknen nicht bestimmen, da ein wenig flüchtige Säure stets entweicht, weshalb man die Destillationsmethode anwendet; die Vorlage soll auf 0,05 cm^3 eingeteilt sein.

Man bestimmt endlich auch noch im Tagesdurchschnitt den Titer der in der Filterpresse zurückgebliebenen sog. „Elainfettsäure".

Bei der Untersuchung von Konkurrenz-Elainprodukten muß außer den gewöhnlichen Wertmessern auch noch geprüft werden, ob sie kein gespaltenes Pflanzenfett oder dest. Tran enthalten. Für viele Zwecke ist dies nicht schädlich, für textilindustrielle Zwecke ist es jedoch gefährlich, da sich infolge der großen Fläche des Fadens die Säure, die noch ungesättigter ist als die Ölsäure, oxydiert und verharzt. Dies kann am besten von der Jodzahl beurteilt werden, die bei wirklichem Elain stets kleiner ist als 88, während z. B. die Jodzahl der Rapsölfettsäure 105—110, die der Sonnenblumenölfettsäure 130—140 beträgt. Bei Verarbeitung von hydrogenisierten Fetten auf Stearin kann das Elain eine ungesättigtere Säure enthalten, da sich der Wasserstoff nicht an jedes Molekel gleichmäßig anhaftet.

λ) Unter Retourgang versteht man die aus der Warmpresse abfließende Fettsäure, in welcher im Tagesdurchschnitt der Titer, im Saponifikatretourgang die Menge des Neutralfettes zu bestimmen sind. Im Destillatretourgang findet man häufig Oxyfettsäuren, was darauf schließen läßt, daß in den Rohmaterialien ungesättigtere Fettsäuren als Ölsäure enthalten waren, weshalb man im Destillatretourgang zeitweilig auch die Azetylzahl bestimmt.

Bei richtig geleiteter Warmpressung ist der Titer des Retourganges annähernd gleich dem Titer der nichtgepreßten Fettsäurekuchen.

μ) Das Stearin. Die Betriebskontrolle von diesem Artikel besteht aus 2 Teilen: aus der Kontrolle der Qualität des Stearins und aus jener des Stearinabfalles.

Zur Untersuchung des Stearins bestimmt man im Wochendurchschnitt den Titer, die Jodzahl, die Säure- und Verseifungszahl und zeitweise auch das Unverseifbare. Der Wochendurchschnitt wird geschmolzen und in kleine Wannen von 200—300 g gegossen, deren Inhalt man dann langsam erstarren läßt, wobei man die Oberfläche und die Bruchfläche prüft. Bei Untersuchung der Stearinabfälle bestimmt man dieselben Daten, nur die Säure- und Verseifungszahl wie auch die Bestimmung des Unverseifbaren läßt man weg.

Bei Saponifikatstearin orientiert man sich durch die Jodzahl über die im Stearin verbliebene Ölsäuremenge, die bis 5% steigen kann. Sie hat bei rasch verarbeitetem Stearin keine Bedeutung, soll aber in länger lagerndem Stearin besserer Qualität in je geringerer Menge vorhanden sein, da sie mit der Zeit das Gelbwerden des Stearins und das Auftreten eines unangenehmen „ranzigen“ Geruchs verursacht. Das zu Kerzen aufzuarbeitende Saponifikatstearin soll womöglich kein Neutralfett enthalten, da letzteres beim Brennen der Kerze infolge Akroleinbildung einen unangenehmen Geruch verbreitet.

Im Destillatstearin ist die Kenntnis der Jodzahl sehr wichtig, da sie annähernd die Menge der Isoölsäure anzeigt. Da bei gleichmäßigem Betrieb die ganze Menge der Isoölsäure in das Stearin gelangt, läßt sich auch schon aus der Kontrolle der Azidifikation der Isoölsäuregehalt des Stearins bestimmen. Ist z. B. in einem Fettsäuregemenge die Menge der festen Fettsäuren 50%, die Isoölsäure 12,5%, so wird das Stearin ca. 25% Isoölsäure enthalten; da ein wenig Ölsäure auch im Stearin in Lösung bleibt, wird in Wirklichkeit die aus der Jodzahl durch Multiplikation mit 1,11 erhaltene Isoölsäure um ca. 0,5% größer sein. Das Destillatstearin ist um so besser, je höher sein Titer ist, und gibt eine um so bessere Ausbeute, je größer die Menge der Isoölsäure ist, in diesem Falle aber sinkt der Titer. Während der Titer des Saponifikatstearins 54—56° ist, zeigt das Destillatstearin bei ca. 15% Isoölsäuregehalt einen Titer von ca. 52°, bei 22% von 51° und bei 30% von ca. 49°.

Das ausgegossene und langsam erstarrte Stearin zeigt an seiner Oberfläche wie auch an der Bruchfläche eine charakteristische Kristallisation. Das Saponifikatstearin ist in der Regel nicht übermäßig kristallinisch, das Destillatstearin schon mehr. Während man bei der Fabrikation gute Kristallisation anstreben muß, soll das Stearin für viele Zwecke nicht kristallinisch sein, z. B. bei der Kerzenfabrikation gibt das zu stark kristallinische Stearin eine zu zerbrechliche, weniger feste Kerze.

Der umgegossene und neuerlich warm gepreßte Preßabfall gibt zumeist ein sehr kristallinisches Stearin, das sog. „kristallinische Doppelstearin". Noch kristallinischer ist das Teerstearin, auf dessen Bruchfläche man manchmal zentimeterlange und mehrere Millimeter dicke Kristalle sieht. Diese starke Kristallisation wurde dadurch hervorgerufen, daß durch das teilweise Ausschmelzen der Palmitinsäure kristallinische Fettsäuregemenge entstanden sind. Will man daher aus diesen Stearinen bzw. aus ihren Abfällen weniger kristallinisches und daher einen höheren Titer aufweisendes Stearin bereiten, so muß man zum Stearin eine palmitinsäurereiche Fettsäuremenge, z. B. eine kalt gepreßte, hauptsächlich aus Palmöl oder aus Pflanzentalg bestehende Fettsäure benutzen, und der so hergestellte Kuchen muß dann neuerdings gepreßt werden. Es besteht auch die Möglichkeit, daß man durch Zusatz von Stearinsäure das kristallinische Gewebe vermindert, wozu aber hauptsächlich nur die Sheabutter geeignet wäre, die nur in kleinen Mengen auf den Markt gelangt.

XII. Die Kerzenfabrikation.

1. Technologischer Teil.

Mit der Entwicklung der Beleuchtungstechnik nimmt die Kerzenfabrikation an Bedeutung stark ab. Man erzeugt Kerzen derzeit durch Gießen aus Talg, Paraffin, Paraffin-Stearingemenge und aus Stearin, während die Wachskerzen zumeist mit dem Tunkverfahren hergestellt werden.

Mit der Herstellung von Talgkerzen befassen sich zumeist kleine Firmen, hauptsächlich kleinere Seifenfabriken. Man benutzt diese Kerzen vornehmlich in Kellereien, wo sie gleichzeitig zum zeitweiligen Verstopfen leck gewordener Fässer dienen.

Die Paraffinkerzen sind billiger als die Stearin- oder sog. Kompositionskerzen und geben pro Gewichtseinheit mehr Licht als die Stearinkerzen, da ihr kalorischer Wert, nachdem sie eine sauerstofffreie Masse bilden, höher ist als jener der Stearinkerzen. Die Paraffin- und Kompositionskerzen brennen aber mit unangenehmem Geruch und rauchend, außerdem sind die gegossenen Paraffinkerzen durchscheinend, unschön und biegen sich in der Wärme. Schöner und ganz weiß sind die Kompositionskerzen (Paraffin mit 5–50% Stearin), biegen sich aber in der Wärme. Hingegen sind die überwiegend (zu 85–100%) aus Stearin verfertigten Kerzen nicht durchscheinend, brennen ohne Geruch und Rauch, auch verbiegen sie sich nicht.

Die Vorbedingung für das gute Brennen der Kerze ist, daß die Masse aschefrei und der Docht entsprechend gebeizt sein soll. Ist die Kerzenmasse nicht aschefrei, verstopft sich der Docht, die Kerze rinnt und glüht nach dem Verlöschen langanhaltend mit unangenehmem Geruch. Ebenso unangenehm ist es, wenn der Docht nicht gehörig gebeizt ist, in welchem Fall der Docht von allein nicht ganz verbrennt, sondern man muß seine Asche abzwicken. Die Dochtbeize gibt nämlich mit der Asche ein leicht schmelzendes Bor- und Phosphorglas, welches von dem aus der Flamme herausragenden Ende der Kerze schmelzend in Form winziger Kügelchen herabfällt.

Der zur Kerzenfabrikation dienende Wellenstearin wird mit direktem Dampf in mit Blei gefütterten Bottichen mit verdünnter Schwefelsäure aufgekocht, hernach läßt man ihn absetzen, bis er wasserfrei wird. Paraffin wird gesondert geschmolzen, in einen gemeinsamen Bottich gepumpt, wo es mit direktem Dampf aufgekocht wird. Da das Wasser zumeist alkalisch ist, gibt man ins Wasser Oxalsäure, die das die Alkalizität verursachende Calcium- und Magnesiumhydrocarbonat zersetzt und bindet; es ist ratsam, ein die theoretisch notwendige Menge um 15% übersteigendes Plus an Säure zu nehmen (S. 100).

Während man die Kompositionskerzen aus ganz geschmolzener, ganz flüssiger Masse gießt, rührt man die Stearinkerzen (Ia Kerzen) kalt, d. h. man kühlt sie während des Rührens, bis die Masse milchig wird, wodurch die Kerze weißer, weniger kristallinisch und weniger zerbrechlich wird. Man pflegt die Kerzenmasse mit rotstichigem Methylviolett schwach zu färben, wodurch sie eine blendend weiße Farbe erhält. Diese Farbe verblaßt aber bald, so daß die Kerze wieder ihre ursprüngliche Farbe erhält. Stearinhaltige Kerzen mit geringem Stearingehalt (5—20%) erhalten ein stearinartiges Äußere, wenn man zu ihrer Masse 2—3% 96proz. denaturierten Spiritus mischt.

2. Chemische Betriebskontrolle.

Die chemische Betriebskontrolle befaßt sich mit der Untersuchung des Rohmaterials (Paraffin, Stearin, Dochte), mit der Feststellung der Gießmasse, mit der Erforschung der Fehler und mit der Untersuchung der fertigen eigenen und der Konkurrenzwaren.

Herstellung der Gießmassen. Die Kerzenfabrik stellt zumeist Kerzen verschiedener (Ia, IIa usw.) Qualität her, die sich in erster Reihe in ihrem Stearingehalt unterscheiden. Die Zusammenstellung der Gießmasse geschieht, wie folgt. Wir wollen z. B. eine Masse herstellen, die mit einer entsprechenden Menge Paraffin 5000 kg 20proz. Gießmasse liefert; dazu sind 1000 kg Stearin nötig. Zu diesem Zwecke werden folgende Bestandteile zusammengeschmolzen:

	Abfälle	enthaltend Stearin
Reste	300 kg	ca. 70 kg
Ia Abfall	450 „	„ 450 „
IIa „	320 „	„ 160 „
IIIa „	350 „	„ 70 „
Entfärbte Abfälle . .	100 „	„ 70 „
Ausgewählte Abfälle.	90 „	„ 63 „
Ia Bruch	100 „	„ 100 „
IIa „	40 „	„ 20 „
	1750 kg	enthaltend ca. 1003 kg Stearin.

Diese Masse bildet eine 35 cm hohe Schicht im Bottich. Wollen wir hiervon eine Kerzenmasse von Säurezahl 40[1]) (also 20%

[1]) Stearin hat eine Säurezahl 207—212. Für betriebstechnische Rechnungen nimmt man gewöhnlich 200, also eigentlich ein Stearin mit ca. 5% Paraffin.

Stearin) bereiten, so kochen wir die Masse durch, lassen absetzen und bestimmen die Säurezahl, welche z. B. 117,4 ist, entsprechend einem Stearingehalt von 58,7%. Die nötige Menge Paraffin (P) berechnet man nach folgender Gleichung:

$$P = a\left(\frac{p}{e} - 1\right).$$

Hier bedeutet a die Anzahl der Zentimeter, die die untersuchte Masse im Bottich einnimmt, p den Prozentgehalt an Stearin, e den Prozentgehalt der zu erzeugenden Masse. Im erwähnten Falle z. B. wäre

$$P = 35\left(\frac{58,7}{20} - 1\right) = 35 \cdot 1,9 = 67 \text{ cm}.$$

Wir müssen also 67 cm Paraffin zur Masse geben.

Enthält die zusammengestellte Masse zu wenig Stearin (ist sie schwach), so muß sie mit Stearin (oder mit einer stärkeren Masse) verstärkt werden. Dieses berechnet sich aus einer ähnlichen Gleichung, nur müssen sämtliche Werte auf Paraffin bezogen werden. Beispielsweise soll eine 97 cm hohe Schicht einer 48 proz. Masse in 55 proz. umgewandelt werden.

$$\text{Stearin} = a\left(\frac{p}{e} - 1\right) = 97\left(\frac{52}{45} - 1\right) = 97 \cdot 0,2 = 19 \text{ cm}.$$

p und e bedeuten jetzt Prozente Paraffin in der ursprünglichen bzw. fertigen Masse.

Die derartig verfertigte Gießmasse weicht in der Regel nur mit 0,5 Einheiten von der beabsichtigten Säurezahl ab, welche man an den am nächsten Tag gegossenen Kerzen in der Weise kontrolliert, daß die Säurezahl der geschmolzenen Kerze festgestellt wird. In der Praxis kann die Hälfte der Säurezahl dem prozentischen Stearingehalte gleichgenommen werden; tatsächlich ist der Stearingehalt etwas geringer, da die Säurezahl des Stearins 207—212 zu sein pflegt.

Bei Konkurrenzprodukten wird nach Bestimmung der Säurezahl die alkoholische Lösung noch mit etwas Alkali versetzt und das Paraffin mit Petroleumäther als Unverseifbares ausgeschüttelt. Die Differenz von 100 ist Stearin. Die abgelassene, wässerig-alkoholische Seifenlösung wird auf dem Wasserbade völlig eingetrocknet, in Wasser gelöst und mit Säure zersetzt. Das Stearin wird gewaschen, getrocknet und auf Erstarrungspunkt und Jodzahl untersucht. Saponifikatstearin weist eine Jodzahl bis zu 5, Destillatstearin bis zu 25 auf. Finden wir eine Jodzahl über 30, dann können wir mit Sicherheit annehmen, daß der Kerze ungepreßte oder nur schwach (kalt) gepreßte Fettsäure beigemengt wurde („Fettsäurekerzen").

Die sog. Kompositionskerzen (ein Gemisch von Stearin und Paraffin) haben den Nachteil, daß sie transparent sind; um dies zu verhindern, werden ihnen solche Substanzen beigemengt, die das Paraffin nicht lösen und infolgedessen trübe, opak machen. Hierzu wird am häufigsten Spiritus verwendet, dessen Menge man in der ursprünglichen (vom Dochte befreiten) Kerze ebenso bestimmt wie Wasser. Ein weiterer Nachteil der reinen Paraffin- oder viel Paraffin enthaltenden Kerzen ist der, daß sie weich und biegsam sind. Auch verhalten sich die einzelnen Paraffine verschieden, gemäß ihrer Qualität und ihrem Schmelzpunkte.

Je weniger biegsam eine Kerze ist, um so größer ist ihr Wert. Dies müssen wir bei der Wahl von Paraffin für Kompositionskerzen uns stets vor Augen halten. Zu diesem Zwecke gießen wir verschiedene Kerzen von gleicher Größe und gleichem Durchmesser und spannen sie in eine Klemme, wie sie in beistehender Zeichnung angegeben ist (Abb. 31). Schon nach einigen Stunden sind wir in der Lage, die Biegsamkeit deutlich beurteilen zu können.

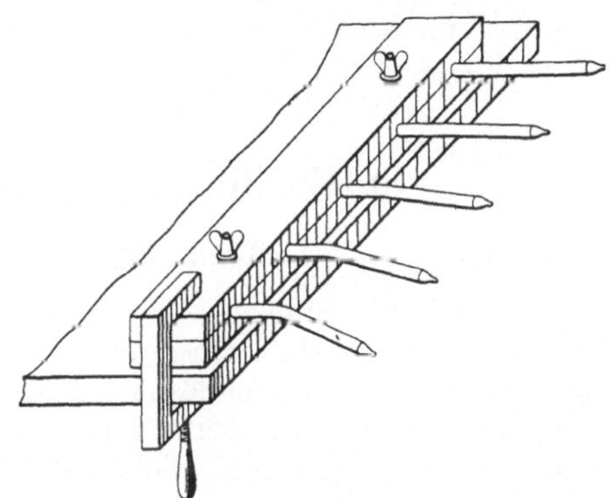

Abb. 31. Apparat zur Prüfung der Biegsamkeit der Kerzen.

Das Beizen der Dochte. Zum Beizen werden in der Regel Borsäure, Ammonsulfat, Ammonphosphat und Schwefelsäure verwendet; diese Reagenzien müssen chemisch rein sein. Die Kerzendochte bestehen gewöhnlich aus einem dreiteiligen Geflecht, in den einzelnen Teilen ist die Zahl der Fäden verschieden, aber der sog. „Numerus" der Fäden ist der gleiche. Sind die Teile des Geflechtes zu eng geflochten, verringert sich die Aufsaugefähigkeit des Dochtes. Letztere Eigenschaft bestimmt man dadurch, daß ein 1 m langes abgewogenes Stück mit 100 g beschwert in Wasser getaucht wird, worauf man 5 Minuten abtropfen läßt und neuerdings wiegt; die Gewichtszunahme nennt man Saugfähigkeit.

Fehler der Kerzen. Die meisten Fehler der Kerzen sind auf den Docht zurückzuführen, können aber auch im Aschegehalt der Masse begründet sein.

Tropft oder rinnt die Kerze, so kann das 2 Ursachen haben: a) die Masse enthält Asche, die den Docht verstopft, und b) der Docht ist zu dünn; es können aber auch beide Fehler vorliegen. Bei Feststellung der Ursache wird vorerst der Aschegehalt bestimmt, anderseits wird in Kerzen derselben Stärke, die aus derselben Masse gegossen wurden, fortgesetzt ein dicker Docht verwendet.

Raucht die Kerze, ist der Docht zu dick.

Glüht der Docht der ausgelöschten Kerze, ist die Masse unbedingt aschehaltig; wahrscheinlich verursacht in diesem Fall der Umstand, daß die zur Erzeugung der Masse verwendeten Bottiche nicht gehörig gereinigt wurden, den Fehler.

Spritzt die Kerze, so ist Wasser hinzugekommen, und zwar ist entweder eine Gußform gesprungen, oder aber in die Masse ist auf andere Weise Wasser gelangt.

XIII. Die Seifenfabrikation.

1. Technologischer Teil.

Im chemischen Sinne des Wortes versteht man unter Seifen die Metallsalze der fettartigen Säuren, praktisch genommen hingegen sind Seifen die in Wasser löslichen Natron- und Kalisalze dieser Fette, die die üblichen äußeren Eigenheiten zeigen. Die Natronseifen sind in der Regel hart, die Kaliseifen weich und schmierbar, weshalb man sie auch Schmierseifen nennt. Diese Einteilung befriedigt im großen die Erfordernisse der Praxis, obwohl es auch feste Kaliseifen — Kalisalze überwiegend fester Fettsäuren — und aus Natronseife bestehende Schmierseifen gibt. Endlich gibt es auch Seifen, die Kali und Natron enthalten.

Die Natronseifen können Kern- oder Leimseifen sein, je nachdem man die Seife bei der Erzeugung ausgesalzen und hierdurch von einem Teil der wässerigen Lösung befreit hat; diese Seifen enthalten 57—62% Fettsäure; wurde die Seife ohne Aussalzen hergestellt, bleibt das zu ihrer Bereitung benutzte gesamte Wasser samt den darin gelösten Salzen, Glyzerin, Lauge usw. in der Seife, so daß der Fettsäuregehalt von 75% abwärts jeden Wert aufweisen kann. Es gibt Natronseifen, die sich nur während des Auskühlens aussalzen, so daß die Leimgallerte mit der Seife zusammen erstarrt; diese Seifen nennt man Halbkernseifen, hierher gehört z. B. die Eschweger Seife.

Bei Herstellung der Seifen kommt in erster Reihe die Qualität des benutzten Fettes in Betracht. Es gibt leicht aussalzbare Fette (Talg, Rapsöl) und schwer aussalzbare Fette (Kokos- und Palmkernöl, Rizinusöl, Harz usw.). Für Fettgemische — und um diese handelt es sich zumeist bei Seifen — ist der Mittelwert der Eigenheiten der einzelnen Komponenten bestimmend. Der Fettansatz enthält, abgesehen von speziellen Fetten, fast immer leicht aussalzbare Seifen gebende Kernfette und schwer aussalzbare Seifen gebende Leimfette. Erstere verseift man mit verdünnteren, letztere mit stärkeren Laugen, das Gemenge der beiden mit entsprechender mittelstarker Lauge. Da ein stärkerer Laugenüberschuß die schon entstandene Seife aussalzt, was den Verseifungsprozeß hindert, wird die Lauge nur im Verhältnis des Verbrauches in den Siedekessel gelassen. Die letzte Portion des Neutralfettes verseift sich sehr schwer, und die Kernseifen enthalten fast immer 0,5—1% Neutralfett, was für die Qualität der Seife nicht vorteilhaft ist. Die Seife kann natürlich nicht nur aus Neutralfett, sondern auch aus Fettsäuren in gleich guter Qualität erzeugt werden, wobei die sog. Karbonatverseifung stattfindet, bei der die freie Fettsäure mit Soda neutralisiert wird und das stets in kleiner Menge vorhandene Neutralfett mit Ätznatron verseift wird.

Die verseiften Fette oder Fettsäuren sind nach dem Sieden in wässeriger Lösung vorhanden, aus welcher die Seife mit Ätznatron oder zumeist mit Kochsalz ausgesalzen wird. Das Aussalzen kann auf einmal geschehen, in welchem Falle in die Lösung so viel Salz gegeben wird, daß die sich absetzende Unterlauge seifenfrei ist und die reine Kernseife an die Oberfläche der Flüssigkeit gelangt. Gibt man zur Seifenlösung für das gänzliche Aussalzen ungenügendes Elektrolyt (Lauge, Salz), bleibt ein Teil der Seife, und zwar gerade der schwerer aussalzbare, in Lösung, und auf diesem sog. Leimniederschlag sammelt sich die Kernseife, die in diesem Fall mehr Wasser enthält, so daß die Ausbeute besser ist.

Die Unterlauge enthält überschüssige Lauge, die durch Kochen mit fettsäurehaltigen Fetten, durch das „Ausstechen", entfernt wird. In ähnlicher Weise entziehen wir den Laugengehalt des Leimniederschlages, wobei man durch Hinzugabe von Salz auch die darin befindliche Seife entfernt. Eine derart ausgestochene Unterlauge bzw. der in derselben Weise behandelte Leimniederschlag soll daher womöglich an Lauge, Soda und Fett arm sein, da dies einen Verlust verursacht.

Die Leimseifen enthalten zumeist mehr Leimfett (Kokosfett usw.) und gelangen nach der Verseifung ohne Aussalzen in die Kühlform, weshalb sie, falls sie aus Neutralfett erzeugt wurden, auch eine bedeutendere, bis 7% steigende Menge Glyzerin enthalten. Diese Seifen kann man einesteils wegen ihres Leimfettgehaltes, anderseits wegen ihres Glyzeringehaltes gut füllen, so daß sie mit jedem beliebigen niederen Fettsäuregehalt erzeugt werden können.

Während die Kernseifen im frischen Zustand ca. 60% Fettsäure enthalten, können die Leimseifen mit jedem beliebigen Fettgehalt erzeugt werden. Auch die Schmierseife ist eine Leimseife. Die Ia-Ware enthält 38—42% Fettsäure. Schmierseife enthält stets freies Alkali in Form von Ätzkali und Pottasche, manchmal auch Soda; dies ist zum Erreichen der gehörigen Konsistenz unbedingt notwendig.

Zum Füllen der Leimseifen benutzt man in Wasser lösliche und unlösliche Substanzen. Zum Füllen von Natronseifen Wasserglas, Soda- oder Pottaschelösung und Schwerspat, zum Füllen von Kaliseifen Pottasche- oder Chlorkalilösung, Kartoffelstärke usw.

Als Kernfette sind Fette zu bezeichnen, deren Verseifungszahl nahezu 200 ist; sie geben ein um so härteres Fett, je größer ihr Titer ist; die Verseifungszahl der Leimfette ist ca. 250 (Kokosfett, Palmkernöl), sie geben eine schwer aussalzbare und trotz ihres niederen Titers (20—23°) harte Seife. Auch die Seife des Rizinusöles ist schwer aussalzbar, ist aber hart; Harz, welches schwer aussalzbare Seife gebende Teile enthält, gibt eine weiche Seife.

Da das Kokosfett die höchste Verseifungszahl (bis 260) aufweist, braucht es zum Verseifen das meiste Ätznatron, 18—19%; die geringste Menge Ätznatron benötigt das Rapsöl, ca. 12—12,5%, da seine Verseifungszahl 170—175 ist; dieselbe Ätznatronmenge benötigt auch zu seiner Verseifung das Harz. Die Fette mit einer Verseifungszahl von ca. 200 benötigen ca. 14,5% Ätznatron. In der Praxis wendet man stets einen geringen Überschuß an, welchen man mit „Ausstechen" verwertet. Den Bedürfnissen der Praxis entspricht es, wenn man die Verseifungszahl mit 5/7 multipliziert, um die zum Verseifen erforderliche Menge Ätznatron in Prozenten ausgedrückt zu erhalten.

2. Chemische Betriebskontrolle.

1. Rohmaterialien. Diese interessieren den Seifenfabrikanten bezüglich a) des verseifbaren Fettgehaltes; b) der Qualität, ob nämlich das Fett der angebotenen Ware entspricht; c) des Titers bei Kernfetten und d) des Gehaltes an freien Fettsäuren und an Neutralfett und bezüglich der Ausbeute an Glyzerin und Fettsäure.

a) Die Bestimmung des verseifbaren Fettgehaltes geschieht in der in Kapitel IX beschriebenen Weise. Bei Kokosfett, Palmkernöl und bei ihren Fettsäuren muß die Wasserbestimmung mit der Destillationsmethode ausgeführt werden (S. 39). Sollten äußere

Zeichen oder analytische Daten darauf hinweisen, daß außer Wasser auch andere mit Xylol, Benzol usw. destillierbare Substanzen, z. B. Benzin, wie es im extrahierten Knochenfett vorkommt, zugegen sind, wird neben der Wasserbestimmung mit Xylol eine andere Probe mit Wasserdampf destilliert. Das Destillat besteht überwiegend aus Wasser, auf dessen Oberfläche das Benzin und die darin gelöste geringe Fettsäure schwimmen. Sein Volumen schätzt man bzw. liest man ab, sein spez. Gewicht bestimmt man in der Weise, daß man eine bekannte Menge herauspipettiert und in einem Wägegläschen abwiegt. Das so erhaltene Gewicht dividiert mit dem Volumen gibt des spez. Gewicht. Die Benzinlösung wird nun bei niederer Temperatur im Vakuum eingedampft und der Rückstand, die Fettsäuren, gewogen. Z. B. wir erhielten aus 100 g Fett durch Destillation mit Wasser 2,75 cm^3 Benzin; 2 cm^3 Benzin wogen 1,5662 g, daß spez. Gewicht des Benzins ist daher

$$\frac{1{,}5662}{2} = 0{,}7832;$$

nach dem Eindampfen ließen die 2 cm^3 0,07889 Fettsäure zurück, in 2,75 cm^3 sind daher 0,1030 g Fettsäuren. 2,75 cm^3 der Lösung sind gleich $2{,}75 \cdot 0{,}7832 = 2{,}1538$ g, hiervon sind abzuziehen die Fettsäuren: $2{,}1538 - 0{,}1030 = 2{,}0508$ g $= 2{,}05\%$ Benzin, da wir von 100 g Substanz ausgingen.

b) Benennung. Ob das Fett tatsächlich seiner Benennung entspricht, hierüber geben seine Konstanten fast immer genügende Aufklärung. Zu diesem Zwecke bestimmt man die Verseifungszahl, Jodzahl und den Titer, in speziellen Fällen auch die Azetylzahl (bei Rizinusöl) und die Hexabromidzahl (bei Leinöl). Nach den späteren Punkten c) und d) benötigt man außer dem Titer auch noch die Säurezahl, so daß diese auch bestimmt wird.

c) Die Kenntnis des Titers ist deshalb wichtig, da die Kernfette eine um so härtere Seife geben, je höher ihr Titer ist. Seine Bestimmung wurde in Kapitel IX beschrieben.

d) Der Gehalt des Fettes an Fettsäure und Neutralfett, sowie die Ausbeute an Glyzerin lassen sich mit einer der Praxis genügenden Genauigkeit aus der Säure- und Verseifungszahl bestimmen. Es sei in einem Fette $n\%$ das Nichtfett und $m\%$ die Menge des reinen Fettes; S die Säurezahl und V die Verseifungszahl, so ist die Esterzahl $E = V - S$, und der Glyzeringehalt in Prozenten:

$$G\% = 0{,}05466 \cdot E$$

(log $0{,}05466 = 0{,}7377 - 2$).

Die Menge der freien Fettsäure F ist bei reinen Fetten: $F\% = 100 \cdot \frac{S}{V}$; ist im Fett nur $m\%$ reines Fett enthalten, so ist die Menge der freien Fettsäuren

$$F\% = m\,\frac{S}{V}.$$

Die Menge des Neutralfettes N ist bei reinem Fett:

$$N\% = 100\,\frac{V-S}{V},$$

bei einem Gehalt von $m\%$ Reinfett:

$$N\% = m\,\frac{V-S}{V}.$$

Da zur Titerbestimmung auch die Fettsäuren abgeschieden werden, so kann die Menge der freien Fettsäure und des Neutralfettes auch aus den Konstanten der Fettsäure berechnet werden; es sei s die Säurezahl der Fettsäure, F die freie Fettsäure des Fettes und N das Neutralfett, so ist $F\% = m\,\frac{S}{s}$

und $$N\% = m\,\frac{s-S}{s}.$$

Diese Werte jedoch sind nur annähernde Werte.

Laugenüberschuß der Seifenlösung. Da man das Fett nur mit (kleinem) Laugenüberschuß verseifen kann, überzeugt man sich über dessen Vorhandensein dadurch, daß vom Seifenleim eine kleine Menge (2—4 g) auf der Apothekerwage abgewogen, in neutralem Alkohol aufgelöst und nach Zusatz von Phenolphthaleinindikator mit $^{n}/_{10}$-Salzsäure titriert wird. Nachdem die Seife im Kessel eine gewisse Zeit weiter gesotten wurde, wird neuerdings titriert; ändert sich das Resultat der Titrierung kaum mehr, ist das Sieden zu beendigen. Beim Sieden mit Dampf ist eine kleine Abnahme infolge Anwachsens des Kondenswassers, bei direkter Feuerung eine kleine Zunahme durch Wasserverdampfung möglich.

Der Laugen- und Sodagehalt der Unterlauge muß ständigen Gegenstand der Kontrolle bilden. Den Fettsäuregehalt bestimmt man in der Weise wie bei der Seife (s. weiter unten). Zur Bestimmung des freien Alkaligehaltes titriert man bei Phenolphthaleinindizierung warm mit $^{n}/_{10}$-Salzsäure. Das Resultat ist nur ein annäherndes, da auch ein Teil der an Seife gebundenen Lauge titriert wird; mit Methylorange kann auch kalt titriert werden, es wird aber dabei auch das ganze an die Fettsäure gebundene Alkali titriert, es kann also nur bei fettsäurearmen Unterlaugen benutzt werden, oder aber muß das an Fettsäure gebundene Alkali bestimmt und abgezogen werden.

Der Fettsäuregehalt der Seife wird in folgender Weise bestimmt. 1—2 g der Seife (bei stärker gefüllten Seifen entsprechend mehr) werden in dünnen Schnitten in ein kleines, 50kubikzentimetriges Bechergläschen abgewogen, mit etwas Wasser übergossen und unter Rühren mit einem Glasstabe so lange gewärmt, bis sie sich aufgelöst haben. Die Lösung wäscht man quantitativ in einen Schütteltrichter von ca. 500 cm^3 Inhalt und versetzt nach Zugabe von Methylorange mit so viel Salzsäure, bis das Methylorange rot wird. Hernach werden 80 cm^3 unter 70° siedenden Petroläthers hinzugefügt und mehrmals gut durchgeschüttelt. Nachdem sich die Schichten getrennt haben, läßt man die untere wässerige Schicht in einen anderen Scheidetrichter, wo man sie mit 50 cm^3 Petroläther neuerdings ausschüttelt. War in der Seife ein Füllmittel, so ist auch ein drittes Ausschütteln ratsam. Die Petrolätherschichten vereint man, trennt sie durch Umschwenken und Absetzenlassen womöglich scharf vom Wasser, läßt sie hernach in ein ungewogenes Kölbchen, wo man sie so lange absetzen läßt, bis die Lösung ganz klar wird. Die klare Lösung schüttet man dann vorsichtig, ohne daß von den abgeschiedenen Wassertropfen etwas mitgerissen werde, in ein gewogenes Kölbchen; der an den Wänden des ungewogenen Kölbchens anhaftende Petroläther hält nur einige Milligramme Fettsäure zurück, er kann aber, falls es notwendig wäre, mit einigen Kubikzentimeter Petroläther gesammelt und nach erfolgtem Absetzen in das gewogene Kölbchen geschüttet werden. Den Petroläther destilliert man hernach ab, vertreibt die Petrolätherdämpfe mit Gummiballon, stellt das Kölbchen auf eine Stunde in ein Luftbad von 100° und wiegt nach dem Auskühlen. Enthält der Kolben eine größere Menge Kokosfett-Fettsäure, so trocknet man nur bei niederer Temperatur, um einen Verlust an flüchtigen Fettsäuren zu vermeiden.

Die Bestimmung der Ausbeute schließt sich der Fettsäurebestimmung an. Unter Ausbeute versteht man die aus 100 kg Fettsäure gewonnene Seifenmenge. Man erhält die Ausbeute (A), wenn man 10000 mit dem Fettsäureprozent ($p\%$) der Seife dividiert:

$$A = \frac{10\,000}{p}.$$

Auf diese Weise berechnet sich für eine 60 proz. Kernseife eine Ausbeute von 10000 : 60 = 166,7%, wir erhielten also aus 100 kg reiner Fettsäure 166,7 kg Seife. War der Fettsäuregehalt der Schmierseife 40%, so ist die Ausbeute 10000 : 40 = 250% usw. Die Definition der Ausbeute bezieht sich also auf Fettsäure, hat daher keine Gültigkeit, wenn die Seife aus Neutralfett gesotten wurde. In so einem Fall muß der Gehalt des Neutralfettes an Fettsäuren berechnet werden mit Berücksichtigung, daß auch die Neutralfette stets und zuweilen sogar beträchtliche Mengen freier Fettsäuren enthalten. Die ganz neutralen Fette enthalten durchschnittlich 95% Fettsäure; den genauen Wert gibt die folgende Gleichung an:

$$\text{Fettsäure } \% = 100 - \frac{3800 \cdot V}{168\,330},$$

wo V die Verseifungszahl des Fettes bedeutet.

Sehr wichtig und bisher nicht genug beachtet ist der Neutralfettgehalt der Seifen, der in folgender Weise kontrolliert wird. Eine größere Probe der Seife wird in dünnen Schnitten im warmem Wasser gelöst und mit so viel Salzsäure versetzt, bis Methylorange das Eintreten der sauren Reaktion durch Rotfärbung anzeigt. Man kocht dann so lange, bis die Fettsäure ganz klar auf der wässerigen Lösung schwimmt, worauf man sie nach Abkühlung abscheidet, mit Wasser abspült und mit frischem Wasser neuerdings aufkocht. In der in dieser Weise hergestellten Fettsäure bestimmt man die Säure- und Verseifungszahl, aus denen man in der beschriebenen Weise das Neutralfett berechnet. Enthält die Seife destillierte Fettsäure, so kann die Esterzahl auch durch Anhydride und Laktone verursacht worden sein, in welchem Fall sich die Bestimmung komplizierter gestaltet. Man titriert die Fettsäure in alkoholischer Lösung genau, schüttelt mit Petroläther in Gegenwart von einigen Kubikzentimetern Chlorkalilösung einigemal aus und wiegt. Dieser Rückstand ergibt das Nichtverseifbare, das Neutralfett, die Anhydride und die Laktone zusammen; das Unverseifbare, welches separat bestimmt wurde, wird in Abzug gebracht. Kocht man diese Substanz mit 10 proz. Sodalösung, gehen die Anhydride in Lösung, so daß durch Ausschütteln des Rückstandes das Unverseifbare, das Lakton und das Neutralfett zurückbleiben. Durch weiteres Verseifen mit alkoholischer Kalilauge und Ausschütteln mit Petroläther geht das Unverseifbare in Lösung, die Differenz ergibt daher die Summe von Neutralfett und Lakton. Die alkoholisch-wässerige Lösung wird hierauf eingetrocknet, in Wasser gelöst und angesäuert, wobei sich das Lakton regeneriert; ausgeschüttelt und titriert geht die Fettsäure als Seife in Lösung, und das Lakton wird mit Petroläther ausgezogen.

Untersuchung stark gefüllter Seifen. Bei derartigen Seifen kann die Bestimmung der Fettsäuren nicht in obiger Weise geschehen, wenn das Füllmittel in Salzsäure unlöslich ist; ist viel Wasserglas zugegen, so gibt der Petroläther mit der kolloidalen Kieselsäurelösung eine untrennbare Emulsion. Von solchen Seifen wird eine abgewogene Menge (3—5 g) in dünnen Plättchen im Soxhlet-Extraktor mit 96 proz. Alkohol extrahiert. Das Extrakt enthält die Seife, welche am Wasserbade zur Trockne eingedampft und in Wasser gelöst in der gewöhnlichen Weise weiter untersucht werden kann. Enthält die Seife kein Kokosfett und kein Palmkernöl, kommt man früher zum Ziel, wenn man die Seife am Wasserbade mit konz. Salzsäure zur Trockne eindampft, wobei die Kieselsäure unlöslich wird.

Bestimmung des Seifenansatzes.

Bei Untersuchung von Konkurrenzseifen ist das Wichtigste die Feststellung des Seifenansatzes, dann ist auch noch von Interesse die Kenntnis des Gehaltes an Harz, an Kokos- und Palmkernöl, an flussigen und festen Fettsäuren. Die Menge und Qualität der festen Fette und Öle kann naturlich nicht fegestellt werden, man kann aber auch diesbezüglich gewisse Folgerungen ziehen. Die Untersuchung des Fettes wird in der Regel mit der abgeschiedenen Fettsäure durchgeführt; interessiert uns nur die Harzmenge, so kann diese auch unmittelbar aus der Seife bestimmt werden.

Die Bestimmung des Harzes kann am raschesten nach der Twitchell-Wolffschen Methode ausgeführt werden: Man löst 2—5 g Fettsäure oder Seife in fünfmal soviel absol. Alkohol und gibt 10 cm³ einer Mischung hinzu, die aus 4 Teilen absol. Alkohol und 1 Teil konz. Schwefelsäure besteht und siedet mit Rückflußkühler 2 Minuten vom Beginn des Siedens an. Nach Hinzugabe der fünffachen Menge 10 proz. Kochsalzlösung schüttelt man mit Äther dreimal aus. Hernach wird die Ätherlösung, die das Harz ungebunden, die Fettsäuren als Äthylester enthält, mit verdünnter Salzlösung von der Schwefelsäure ausgewaschen und entweder mit $^{n}/_{2}$-KOH titriert, wobei die Säurezahl des Harzes für 160 angenommen wird, oder aber wird die titrierte Lösung mit Äther extrahiert, die wässerige harzsaure Salzlösung angesäuert, mit Äther mehrfach extrahiert, der Äther abdestilliert und das Harz gewogen.

Will man den Fettansatz noch weiter prüfen, so destilliert man von dem Äthylester der Fettsäure den Äther ab, verseift das Fett mit alkoholischem Kali, verdampft zur Trockne, zersetzt die Seife mit Salzsäure und wäscht die Salzsäure aus. Man bestimmt Schmelz- und Erstarrungspunkt der Fettsäure in der Kapillare, dann die Säure- und Jodzahl, aus welchen Daten die Menge des Kokosfettes schon annähernd bestimmt werden kann und ebenso auch die Menge der flüssigen Fettsäuren.

Die Menge des Kokosfettes kann genauer durch die Polenske-Zahl ermittelt werden[1]). Von der zu prüfenden Seife werden die Fettsäuren genau bestimmt und daraus die 4,75 g Fettsäuren entsprechende Seifenmenge berechnet und abgewogen. Zu dieser Seifenmenge fügt man im 300er Stehkolben 20 g Glyzerin und 1 cm^3 Natronlauge (1 : 1) und schwenkt die Mischung über einer kleinen Flamme so lange, bis das starke Schäumen nachläßt (ca. 10 Min.). Nach dem Abkühlen auf ca. 80—90° setzt man 90 cm^3 destilliertes Wasser zu und gibt sofort 50 cm^3 verdünnte Schwefelsäure (25 cm^3 H_2SO_4 in 1 l) nebst ca. 0,6 g grobes Bimssteinpulver hinzu. Die Destillation und die weitere Arbeitsweise sind genau diejenigen der Polenskeschen Originalvorschrift (S. 25).

Einige Worte seien auch der Probenahme aus Seifen gewidmet. Da der äußere Teil der Seife stets trockener ist, ist es am zweckmäßigsten, die Seife mit einem Laboratoriums-Korkbohrer in drei zueinander senkrechten Richtungen anzubohren und die so erhaltenen Teile zu untersuchen. Ist die so erhaltene Probe zu groß für die Analyse, zerschneidet man die einzelnen Zylinder der Länge nach in 2—4 Teile.

Rechentafel.

Über den Gebrauch der vierstelligen Logarithmen[2]).

Bei fettanalytischen Rechnungen genügt es vollständig, nur die Mantissen der vierstelligen Logarithmen zu benutzen. Das Auffinden des Logarithmus und Antilogarithmus ist bekannt und auch aus den in vorliegender Arbeit mitgeteilten Beispielen ersichtlich.

Die Mantisse von 2,3247 ist 3663;
denn diejenige von 232 ist 3655,
in der Rubrik „Proportionalteile" finden wir für 4: 7
und für 7: 1 (3)
3663.

Ebenso verfahren wir beim Aufsuchen des Antilogarithmus. Die meisten fettanalytischen Methoden erfordern kein genaueres Abwägen als bis zu 0,001 g, besitzt aber unsere Wage eine Genauigkeit von 0,0001 bis 0,0002 g, dann runden wir die Summe bei der logarithmischen Rechnung bis auf die dritte Dezimale ab. Wir schreiben z. B. 2,325 statt 2,3247 oder 3,141 statt 3,1413 usf. Eine Ausnahme bildet aber das Abwägen von Substanzen für die Titerstellung der Normallösungen, wo für die peinlichste Genauigkeit zu sorgen ist.

[1]) Seifensieder-Zg. 1920, S. 937.

[2]) Die Logarithmentafeln sind Erdmanns Lehrbuch der anorganischen Chemie (Verlag von Friedr. Vieweg & Sohn, Braunschweig) entnommen.

Nat. Zahl	0	1	2	3	4	5	6	7	8	9	1	2	3	4	5	6	7	8	9
10	0000	0043	0086	0128	0170	0212	0253	0294	0334	0374	4	8	12	17	21	25	29	33	37
11	0414	0453	0492	0531	0569	0607	0645	0682	0719	0755	4	8	11	15	19	23	26	30	34
12	0792	0828	0864	0899	0934	0969	1004	1038	1072	1106	3	7	10	14	17	21	24	28	31
13	1139	1173	1206	1239	1271	1303	1335	1367	1399	1430	3	6	10	13	16	19	23	26	29
14	1461	1492	1523	1553	1584	1614	1644	1673	1703	1732	3	6	9	12	15	18	21	24	27
15	1761	1790	1818	1847	1875	1903	1931	1959	1987	2014	3	6	8	11	14	17	20	22	25
16	2041	2068	2095	2122	2148	2175	2201	2227	2253	2279	3	5	8	11	13	16	18	21	24
17	2304	2330	2355	2380	2405	2430	2455	2480	2504	2529	2	5	7	10	12	15	17	20	22
18	2553	2577	2601	2625	2648	2672	2695	2718	2742	2765	2	5	7	9	12	14	16	19	21
19	2788	2810	2833	2856	2878	2900	2923	2945	2967	2989	2	4	7	9	11	13	16	18	20
20	3010	3032	3054	3075	3096	3118	3139	3160	3181	3201	2	4	6	8	11	13	15	17	19
21	3222	3243	3263	3284	3304	3324	3345	3365	3385	3404	2	4	6	8	10	12	14	16	18
22	3424	3444	3464	3483	3502	3522	3541	3560	3579	3598	2	4	6	8	10	12	14	15	17
23	3617	3636	3655	3674	3692	3711	3729	3747	3766	3784	2	4	6	7	9	11	13	15	17
24	3802	3820	3838	3856	3874	3892	3909	3927	3945	3962	2	4	5	7	9	11	12	14	16
25	3979	3997	4014	4031	4048	4065	4082	4099	4116	4133	2	3	5	7	9	10	12	14	15
26	4150	4166	4183	4200	4216	4232	4249	4265	4281	4298	2	3	5	7	8	10	11	13	15
27	4314	4330	4346	4362	4378	4393	4409	4425	4440	4456	2	3	5	6	8	9	11	13	14
28	4472	4487	4502	4518	4533	4548	4564	4579	4594	4609	2	3	5	6	8	9	11	12	14
29	4624	4639	4654	4669	4683	4698	4713	4728	4742	4757	1	3	4	6	7	9	10	12	13
30	4771	4786	4800	4814	4829	4843	4857	4871	4886	4900	1	3	4	6	7	9	10	11	13
31	4914	4928	4942	4955	4969	4983	4997	5011	5024	5038	1	3	4	6	7	8	10	11	12
32	5051	5065	5079	5092	5105	5119	5132	5145	5159	5172	1	3	4	5	7	8	9	11	12
33	5185	5198	5211	5224	5237	5250	5263	5276	5289	5302	1	3	4	5	6	8	9	10	12
34	5315	5328	5340	5353	5366	5378	5391	5403	5416	5428	1	3	4	5	6	8	9	10	11
35	5441	5453	5465	5478	5490	5502	5514	5527	5539	5551	1	2	4	5	6	7	9	10	11
36	5563	5575	5587	5599	5611	5623	5635	5647	5658	5670	1	2	4	5	6	7	8	10	11
37	5682	5694	5705	5717	5729	5740	5752	5763	5775	5786	1	2	3	5	6	7	8	9	10
38	5798	5809	5821	5832	5843	5855	5866	5877	5888	5899	1	2	3	5	6	7	8	9	10
39	5911	5922	5933	5944	5955	5966	5977	5988	5999	6010	1	2	3	4	5	7	8	9	10
40	6021	6031	6042	6053	6064	6075	6085	6096	6107	6117	1	2	3	4	5	6	8	9	10
41	6128	6138	6149	6160	6170	6180	6191	6201	6212	6222	1	2	3	4	5	6	7	8	9
42	6232	6243	6253	6263	6274	6284	6294	6304	6314	6325	1	2	3	4	5	6	7	8	9
43	6335	6345	6355	6365	6375	6385	6395	6405	6415	6425	1	2	3	4	5	6	7	8	9
44	6435	6444	6454	6464	6474	6484	6493	6503	6513	6522	1	2	3	4	5	6	7	8	9
45	6532	6542	6551	6561	6571	6580	6590	6599	6609	6618	1	2	3	4	5	6	7	8	9
46	6628	6637	6646	6656	6665	6675	6684	6693	6702	6712	1	2	3	4	5	6	7	7	8
47	6721	6730	6739	6749	6758	6767	6776	6785	6794	6803	1	2	3	4	5	5	6	7	8
48	6812	6821	6830	6839	6848	6857	6866	6875	6884	6893	1	2	3	4	4	5	6	7	8
49	6902	6911	6920	6928	6937	6946	6955	6964	6972	6981	1	2	3	4	4	5	6	7	8
50	6990	6998	7007	7016	7024	7033	7042	7050	7059	7067	1	2	3	3	4	5	6	7	8
51	7076	7084	7093	7101	7110	7118	7126	7135	7143	7152	1	2	3	3	4	5	6	7	8
52	7160	7168	7177	7185	7193	7202	7210	7218	7226	7235	1	2	2	3	4	5	6	7	7
53	7243	7251	7259	7267	7275	7284	7292	7300	7308	7316	1	2	2	3	4	5	6	6	7
54	7324	7332	7340	7348	7356	7364	7372	7380	7388	7396	1	2	2	3	4	5	6	6	7
	0	**1**	**2**	**3**	**4**	**5**	**6**	**7**	**8**	**9**	**1**	**2**	**3**	**4**	**5**	**6**	**7**	**8**	**9**

Nat. Zahl	0	1	2	3	4	5	6	7	8	9	1	2	3	4	5	6	7	8	9
55	7404	7412	7419	7427	7435	7443	7451	7459	7466	7474	1	2	2	3	4	5	5	6	7
56	7482	7490	7497	7505	7513	7520	7528	7536	7543	7551	1	2	2	3	4	5	5	6	7
57	7559	7566	7574	7582	7589	7597	7604	7612	7619	7627	1	2	2	3	4	5	5	6	7
58	7634	7642	7649	7657	7664	7672	7679	7686	7694	7701	1	1	2	3	4	4	5	6	7
59	7709	7716	7723	7731	7738	7745	7752	7760	7767	7774	1	1	2	3	4	4	5	6	7
60	7782	7789	7796	7803	7810	7818	7825	7832	7839	7846	1	1	2	3	4	4	5	6	6
61	7853	7860	7868	7875	7882	7889	7896	7903	7910	7917	1	1	2	3	4	4	5	6	6
62	7924	7931	7938	7945	7952	7959	7966	7973	7980	7987	1	1	2	3	3	4	5	6	6
63	7993	8000	8007	8014	8021	8028	8035	8041	8048	8055	1	1	2	3	3	4	5	5	6
64	8062	8069	8075	8082	8089	8096	8102	8109	8116	8122	1	1	2	3	3	4	5	5	6
65	8129	8136	8142	8149	8156	8162	8169	8176	8182	8189	1	1	2	3	3	4	5	5	6
66	8195	8202	8209	8215	8222	8228	8235	8241	8248	8254	1	1	2	3	3	4	5	5	6
67	8261	8267	8274	8280	8287	8293	8299	8306	8312	8319	1	1	2	3	3	4	5	5	6
68	8325	8331	8338	8344	8351	8357	8363	8370	8376	8382	1	1	2	3	3	4	4	5	6
69	8388	8395	8401	8407	8414	8420	8426	8432	8439	8445	1	1	2	2	3	4	4	5	6
70	8451	8457	8463	8470	8476	8482	8488	8494	8500	8506	1	1	2	2	3	4	4	5	6
71	8513	8519	8525	8531	8537	8543	8549	8555	8561	8567	1	1	2	2	3	4	4	5	5
72	8573	8579	8585	8591	8597	8603	8609	8615	8621	8627	1	1	2	2	3	4	4	5	5
73	8633	8639	8645	8651	8657	8663	8669	8675	8681	8686	1	1	2	2	3	4	4	5	5
74	8692	8698	8704	8710	8716	8722	8727	8733	8739	8745	1	1	2	2	3	4	4	5	5
75	8751	8756	8762	8768	8774	8779	8785	8791	8797	8802	1	1	2	2	3	3	4	5	5
76	8808	8814	8820	8825	8831	8837	8842	8848	8854	8859	1	2	2	2	3	3	4	5	5
77	8865	8871	8876	8882	8887	8893	8899	8904	8910	8915	1	1	2	2	3	3	4	4	5
78	8921	8927	8932	8938	8943	8949	8954	8960	8965	8971	1	1	2	2	3	3	4	4	5
79	8976	8982	8987	8993	8998	9004	9009	9015	9020	9025	1	1	2	2	3	3	4	4	5
80	9031	9036	9042	9047	9053	9058	9063	9069	9074	9079	1	1	2	2	3	3	4	4	5
81	9085	9090	9096	9101	9106	9112	9117	9122	9128	9133	1	1	2	2	3	3	4	4	5
82	9138	9143	9149	9154	9159	9165	9170	9175	9180	9186	1	1	2	2	3	3	4	4	5
83	9191	9196	9201	9206	9212	9217	9222	9227	9232	9238	1	1	2	2	3	3	4	4	5
84	9243	9248	9253	9258	9263	9269	9274	9279	9284	9289	1	1	2	2	3	3	4	4	5
85	9294	9299	9304	9309	9315	9320	9325	9330	9335	9340	1	1	2	2	3	3	4	4	5
86	9345	9350	9355	9360	9365	9370	9375	9380	9385	9390	1	1	2	2	3	3	4	4	5
87	9395	9400	9405	9410	9415	9420	9425	9430	9435	9440	0	1	1	2	2	3	3	4	4
88	9445	9450	9455	9460	9465	9469	9474	9479	9484	9489	0	1	1	2	2	3	3	4	4
89	9494	9499	9504	9509	9513	9518	9523	9528	9533	9538	0	1	1	2	2	3	3	4	4
90	9542	9547	9552	9557	9562	9566	9571	9576	9581	9586	0	1	1	2	2	3	3	4	4
91	9590	9595	9600	9605	9609	9614	9619	9624	9628	9633	0	1	1	2	2	3	3	4	4
92	9638	9643	9647	9652	9657	9661	9666	9671	9675	9680	0	1	1	2	2	3	3	4	4
93	9685	9689	9694	9699	9703	9708	9713	9717	9722	9727	0	1	1	2	2	3	3	4	4
94	9731	9736	9741	9745	9750	9754	9759	9763	9768	9773	0	1	1	2	2	3	3	4	4
95	9777	9782	9786	9791	9795	9800	9805	9809	9814	9818	0	1	1	2	2	3	3	4	4
96	9823	9827	9832	9836	9841	9845	9850	9854	9859	9863	0	1	1	2	2	3	3	4	4
97	9868	9872	9877	9881	9886	9890	9894	9899	9903	9908	0	1	1	2	2	3	3	4	4
98	9912	9917	9921	9926	9930	9934	9939	9943	9948	9952	0	1	1	2	2	3	3	4	4
99	9956	9961	9965	9969	9974	9978	9983	9987	9991	9996	0	1	1	2	2	3	3	3	4
	0	**1**	**2**	**3**	**4**	**5**	**6**	**7**	**8**	**9**	**1**	**2**	**3**	**4**	**5**	**6**	**7**	**8**	**9**

Log.	0	1	2	3	4	5	6	7	8	9	1	2	3	4	5	6	7	8	9
·00	1000	1002	1005	1007	1009	1012	1014	1016	1019	1021	0	0	1	1	1	1	2	2	2
·01	1023	1026	1028	1030	1033	1035	1038	1040	1042	1045	0	0	1	1	1	1	2	2	2
·02	1047	1050	1052	1054	1057	1059	1062	1064	1067	1069	0	0	1	1	1	1	2	2	2
·03	1072	1074	1076	1079	1081	1084	1086	1089	1091	1094	0	0	1	1	1	1	2	2	2
·04	1096	1099	1102	1104	1107	1109	1112	1114	1117	1119	0	1	1	1	1	2	2	2	2
·05	1122	1125	1127	1130	1132	1135	1138	1140	1143	1146	0	1	1	1	1	2	2	2	2
·06	1148	1151	1153	1156	1159	1161	1164	1167	1169	1172	0	1	1	1	1	2	2	2	2
·07	1175	1178	1180	1183	1186	1189	1191	1194	1197	1199	0	1	1	1	1	2	2	2	2
·08	1202	1205	1208	1211	1213	1216	1219	1222	1225	1227	0	1	1	1	1	2	2	2	3
·09	1230	1233	1236	1239	1242	1245	1247	1250	1253	1256	0	1	1	1	1	2	2	2	3
·10	1259	1262	1265	1268	1271	1274	1276	1279	1282	1285	0	1	1	1	1	2	2	2	3
·11	1288	1291	1294	1297	1300	1303	1306	1309	1312	1315	0	1	1	1	2	2	2	2	3
·12	1318	1321	1324	1327	1330	1334	1337	1340	1343	1346	0	1	1	1	2	2	2	2	3
·13	1349	1352	1355	1358	1361	1365	1368	1371	1374	1377	0	1	1	1	2	2	2	3	3
·14	1380	1384	1387	1390	1393	1396	1400	1403	1406	1409	0	1	1	1	2	2	2	3	3
·15	1413	1416	1419	1422	1426	1429	1432	1435	1439	1442	0	1	1	1	2	2	2	3	3
·16	1445	1449	1452	1455	1459	1462	1466	1469	1472	1476	0	1	1	1	2	2	2	3	3
·17	1479	1483	1486	1489	1493	1496	1500	1503	1507	1510	0	1	1	1	2	2	2	3	3
·18	1514	1517	1521	1524	1528	1531	1535	1538	1542	1545	0	1	1	1	2	2	2	3	3
·19	1549	1552	1556	1560	1563	1567	1570	1574	1578	1581	0	1	1	1	2	2	3	3	3
·20	1585	1589	1592	1596	1600	1603	1607	1611	1614	1618	0	1	1	1	2	2	3	3	3
·21	1622	1626	1629	1633	1637	1641	1644	1648	1652	1656	0	1	1	2	2	2	3	3	3
·22	1660	1663	1667	1671	1675	1679	1683	1687	1690	1694	0	1	1	2	2	2	3	3	3
·23	1698	1702	1706	1710	1714	1718	1722	1726	1730	1734	0	1	1	2	2	2	3	3	4
·24	1738	1742	1746	1750	1754	1758	1762	1766	1770	1774	0	1	1	2	2	2	3	3	4
·25	1778	1782	1786	1791	1795	1799	1803	1807	1811	1816	0	1	1	2	2	2	3	3	4
·26	1820	1824	1828	1832	1837	1841	1845	1849	1854	1858	0	1	1	2	2	3	3	3	4
·27	1802	1806	1871	1875	1879	1884	1888	1892	1897	1901	0	1	1	2	2	3	3	3	4
·28	1905	1910	1914	1919	1923	1928	1932	1936	1941	1945	0	1	1	2	2	3	3	4	4
·29	1950	1954	1959	1963	1968	1972	1977	1982	1986	1991	0	1	1	2	2	3	3	4	4
·30	1995	2000	2004	2009	2014	2018	2023	2028	2032	2037	0	1	1	2	2	3	3	4	4
·31	2042	2046	2051	2056	2061	2065	2070	2075	2080	2084	0	1	1	2	2	3	3	4	4
·32	2089	2094	2099	2104	2109	2113	2118	2123	2128	2133	0	1	1	2	2	3	3	4	4
·33	2138	2143	2148	2153	2158	2163	2168	2173	2178	2183	0	1	1	2	2	3	3	4	4
·34	2188	2193	2198	2203	2208	2213	2218	2223	2228	2234	1	1	2	2	3	3	4	4	5
·35	2239	2244	2249	2254	2259	2265	2270	2275	2280	2286	1	1	2	2	3	3	4	4	5
·36	2291	2296	2301	2307	2312	2317	2323	2328	2333	2339	1	1	2	2	3	3	4	4	5
·37	2344	2350	2355	2360	2366	2371	2377	2382	2388	2393	1	1	2	2	3	3	4	4	5
·38	2399	2404	2410	2415	2421	2427	2432	2438	2443	2449	1	1	2	2	3	3	4	4	5
·39	2455	2460	2466	2472	2477	2483	2489	2495	2500	2506	1	1	2	2	3	3	4	5	5
·40	2512	2518	2523	2529	2535	2541	2547	2553	2559	2564	1	1	2	2	3	4	4	5	5
·41	2570	2576	2582	2588	2594	2600	2606	2612	2618	2624	1	1	2	2	3	4	4	5	5
·42	2630	2636	2642	2649	2655	2661	2667	2673	2679	2685	1	1	2	2	3	4	4	5	6
·43	2692	2698	2704	2710	2716	2723	2729	2735	2742	2748	1	1	2	3	3	4	4	5	6
·44	2754	2761	2767	2773	2780	2786	2793	2799	2805	2812	1	1	2	3	3	4	4	5	6
·45	2818	2825	2831	2838	2844	2851	2858	2864	2871	2877	1	1	2	3	3	4	5	5	6
·46	2884	2891	2897	2904	2911	2917	2924	2931	2938	2944	1	1	2	3	3	4	5	5	6
·47	2951	2958	2965	2972	2979	2985	2992	2999	3006	3013	1	1	2	3	3	4	5	5	6
·48	3020	3027	3034	3041	3048	3055	3062	3069	3076	3083	1	1	2	3	4	4	5	6	6
·49	3090	3097	3105	3112	3119	3126	3133	3141	3148	3155	1	1	2	3	4	4	5	6	6
	0	1	2	3	4	5	6	7	8	9	1	2	3	4	5	6	7	8	9

Antilogarithmen. Proportionalteile.

Log.	0	1	2	3	4	5	6	7	8	9	1	2	3	4	5	6	7	8	9
·50	3162	3170	3177	3184	3192	3199	3206	3214	3221	3228	1	1	2	3	4	4	5	6	7
·51	3236	3243	3251	3258	3266	3273	3281	3289	3296	3304	1	2	2	3	4	5	5	6	7
·52	3311	3319	3327	3334	3342	3350	3357	3365	3373	3381	1	2	2	3	4	5	5	6	7
·53	3388	3396	3404	3412	3420	3428	3436	3443	3451	3459	1	2	2	3	4	5	6	6	7
·54	3467	3475	3483	3491	3499	3508	3516	3524	3532	3540	1	2	2	3	4	5	6	6	7
·55	3548	3556	3565	3573	3581	3589	3597	3606	3614	3622	1	2	2	3	4	5	6	7	7
·56	3631	3639	3648	3656	3664	3673	3681	3690	3698	3707	1	2	3	3	4	5	6	7	8
·57	3715	3724	3733	3741	3750	3758	3767	3776	3784	3793	1	2	3	3	4	5	6	7	8
·58	3802	3811	3819	3828	3837	3846	3855	3864	3873	3882	1	2	3	4	4	5	6	7	8
·59	3890	3899	3908	3917	3926	3936	3945	3954	3963	3972	1	2	3	4	5	5	6	7	8
·60	3981	3990	3999	4009	4018	4027	4036	4046	4055	4064	1	2	3	4	5	6	6	7	8
·61	4074	4083	4093	4102	4111	4121	4130	4140	4150	4159	1	2	3	4	5	6	7	8	9
·62	4169	4178	4188	4198	4207	4217	4227	4136	4246	4256	1	2	3	4	5	6	7	8	9
·63	4266	4276	4285	4295	4305	4315	4325	4335	4345	4355	1	2	3	4	5	6	7	8	9
·64	4365	4375	4385	4395	4406	4416	4426	4436	4446	4457	1	2	3	4	5	6	7	8	9
·65	4467	4477	4487	4498	4508	4519	4529	4539	4550	4560	1	2	3	4	5	6	7	8	9
·66	4571	4581	4592	4603	4613	4624	4634	4645	4656	4667	1	2	3	4	5	6	7	9	10
·67	4677	4688	4699	4710	4721	4732	4742	4753	4764	4775	1	2	3	4	5	7	8	9	10
·68	4786	4797	4808	4819	4831	4842	4853	4864	4875	4887	1	2	3	4	6	7	8	9	10
·69	4898	4909	4920	4932	4943	4955	4966	4977	4989	5000	1	2	3	5	6	7	8	9	10
·70	5012	5023	5035	5047	5058	5070	5082	5093	5105	5117	1	2	4	5	6	7	8	9	11
·71	5129	5140	5152	5164	5176	5188	5200	5212	5224	5236	1	2	4	5	6	7	8	10	11
·72	5248	5260	5272	5284	5297	5309	5321	5333	5346	5358	1	2	4	5	6	7	9	10	11
·73	5370	5383	5395	5408	5420	5433	5445	5458	5470	5483	1	3	4	5	6	8	9	10	11
·74	5495	5508	5521	5534	5546	5559	5572	5585	5598	5610	1	3	4	5	6	8	9	10	12
·75	5623	5636	5649	5662	5675	5689	5702	5715	5728	5741	1	3	4	5	7	8	9	10	12
·76	5754	5768	5781	5794	5808	5821	5834	5848	5861	5875	1	3	4	5	7	8	9	11	12
·77	5888	5902	5916	5929	5943	5957	5970	5984	5998	6012	1	3	4	5	7	8	10	11	12
·78	6026	6039	6053	6067	6081	6095	6109	6124	6138	6152	1	3	4	6	7	8	10	11	13
·79	6166	6180	6194	6209	6223	6237	6252	6266	6281	6295	1	3	4	6	7	9	10	11	13
·80	6310	6324	6339	6353	6368	6383	6397	6412	6427	6442	1	3	4	6	7	9	10	12	13
·81	6457	6471	6486	6501	6516	6531	6546	6561	6577	6592	2	3	5	6	8	9	11	12	14
·82	6607	6622	6637	6653	6668	6683	6699	6714	6730	6745	2	3	5	6	8	9	11	12	14
·83	6761	6776	6792	6808	6823	6839	6855	6871	6887	6902	2	3	5	6	8	9	11	13	14
·84	6918	6934	6950	6966	6982	6998	7015	7031	7047	7063	2	3	5	6	8	10	11	13	15
·85	7079	7096	7112	7129	7145	7161	7178	7194	7211	7228	2	3	5	7	8	10	12	13	15
·86	7244	7261	7278	7295	7311	7328	7345	7362	7379	7396	2	3	5	7	8	10	12	13	15
·87	7413	7430	7447	7464	7482	7499	7516	7534	7551	7568	2	3	5	7	9	10	12	14	16
·88	7586	7603	7621	7638	7656	7674	7691	7709	7727	7745	2	4	5	7	9	11	12	14	16
·89	7762	7780	7798	7816	7834	7852	7870	7889	7907	7925	2	4	5	7	9	11	13	14	16
·90	7943	7962	7980	7998	8017	8035	8054	8072	8091	8110	2	4	6	7	9	11	13	15	17
·91	8128	8147	8166	8185	8204	8222	8241	8260	8279	8299	2	4	6	8	9	11	13	15	17
·92	8318	8337	8356	8375	8395	8414	8433	8453	8472	8492	2	4	6	8	10	12	14	15	17
·93	8511	8531	8551	8570	8590	8610	8630	8650	8670	8690	2	4	6	8	10	12	14	16	18
·94	8710	8730	8750	8770	8790	8810	8831	8851	8872	8892	2	4	6	8	10	12	14	16	18
·95	8913	8933	8954	8974	8995	9016	9036	9057	9078	9099	2	4	6	8	10	12	15	17	19
·96	9120	9141	9162	9183	9204	9226	9247	9268	9290	9311	2	4	6	8	11	13	15	17	19
·97	9333	9354	9376	9397	9419	9441	9462	9484	9506	9528	2	4	7	9	11	13	15	17	20
·98	9550	9572	9594	9616	9638	9661	9683	9705	9727	9750	2	4	7	9	11	13	16	18	20
·99	9772	9795	9817	9840	9863	9886	9908	9931	9954	9977	2	5	7	9	11	14	16	18	20
	0	1	2	3	4	5	6	7	8	9	1	2	3	4	5	6	7	8	9

Sachverzeichnis.

Druck der Spamerschen Buchdruckerei in Leipzig.

Kohlenwasserstofföle und Fette sowie die ihnen chemisch und technisch nahestehenden Stoffe. Von Professor Dr. **D. Holde,** Berlin. Sechste, vermehrte und verbesserte Auflage. Mit 179 Abbildungen im Text, 196 Tabellen und einer Tafel. (882 S.) 1924.
Gebunden 45 Goldmark

Technologie der Fette und Öle. Handbuch der Gewinnung und Verarbeitung der Fette, Öle und Wachsarten des Pflanzen- und Tierreichs. Unter Mitwirkung von **G. Lutz,** Augsburg, **O. Heller,** Berlin, **Felix Kaßler,** Wien und anderen Fachmännern herausgegeben von **Gustav Hefter,** Direktor der Aktien-Gesellschaft zur Fabrikation vegetabilischer Öle in Triest.

Erster Band: **Gewinnung der Fette und Öle.** Allgemeiner Teil. Mit 346 Textfiguren und 10 Tafeln. (760 S.) 1906. Unveränderter Neudruck. 1921. Gebunden 33.50 Goldmark

Zweiter Band: **Gewinnung der Fette und Öle.** Spezieller Teil. Mit 155 Textfiguren und 19 Tafeln. (984 S.) 1908. Unveränderter Neudruck. 1921. Gebunden 46 Goldmark

Dritter Band: **Die Fett verarbeitenden Industrien.** Mit 292 Textfiguren und 13 Tafeln. (1036 S.) 1910. Unveränderter Neudruck. 1921. Gebunden 50 Goldmark

Vierter (Schluß-) Band: **Die Fett verarbeitenden Industrien.** (2. Teil.) Seifenfabrikation und Glyzerinindustrie. In Vorbereitung

---

Analyse der Fette und Wachse sowie der Erzeugnisse der Fettindustrie. Von Dr. **Adolf Grün,** Chefchemiker der Georg-Schicht-A.-G., Aussig.

Erster Band: **Methoden.** Mit etwa 77 Textabbildungen.
Erscheint im Frühjahr 1925

Handbuch der Seifenfabrikation. Nach dem Handbuch von Dr. C. Deite † völlig umgearbeitet und neu herausgegeben von Privatdozent Dr. **Walther Schrauth.** Fünfte Auflage. Mit 171 Textfiguren. (746 S.) 1921. Gebunden 22 Goldmark

---

Das Glyzerin. Gewinnung, Veredelung, Untersuchung und Verwendung sowie die Glyzerinersatzmittel. Von Dr. **Carl Deite,** unter Mitarbeit von Ingenieur Josef Kellner. Mit 78 Abbildungen. (457 S.) 1923.
Gebunden 16 Goldmark

Deutsche Waschmittelfabrikation. Übersicht und Bewertung der gebräuchlichen Waschmittel. Von Dr. **C. Deite.** Unter Mitwirkung von Dr. J. Davidsohn, F. Eichbaum und Max Warkus. Mit 21 Textfiguren. (173 S.) 1920. 4 Goldmark; gebunden 6.50 Goldmark

---

Allgemeine und physiologische Chemie der Fette. Für Chemiker, Mediziner und Industrielle. Von Professor **F. Ulzer,** Wien und Dr. **J. Klimont.** (328 S.) 1906. 8 Goldmark